THEORETICAL MECHANICS

理论力学

高向东 / 编著

清华大学出版社
北京

内 容 简 介

本书从最小作用量原理出发，介绍了拉格朗日力学基本概念；以微振动、天体运动及 α 粒子散射实验等为例展示了拉格朗日力学的应用方式；对刚体模型与流体模型做了导引性的讲解；着重从对称性的角度讨论了狭义相对论和场论；最后引入了哈密顿力学。

在讲解物理内容时，本书介绍或应用了李群与李代数、狄拉克 δ 函数、傅里叶变换及球坐标系等理论、概念或方法。

本书为 32 学时理论力学课程教材，面向对象为物理学专业本科生。

图书在版编目（CIP）数据

理论力学 / 高向东编著.—北京：清华大学出版社，2024.2 (2024.10 重印)
ISBN 978-7-302-65192-5

Ⅰ．①理…　Ⅱ．①高…　Ⅲ．①理论力学　Ⅳ．①O31

中国国家版本馆 CIP 数据核字（2024）第 034018 号

责任编辑：朱红莲
封面设计：傅瑞学
责任校对：赵丽敏
责任印制：沈　露

出版发行：清华大学出版社
　　　　　网　　　址：https://www.tup.com.cn, https://www.wqxuetang.com
　　　　　地　　　址：北京清华大学学研大厦 A 座　　　　邮　　编：100084
　　　　　社 总 机：010-83470000　　　　　　　　　　邮　　购：010-62786544
　　　　　投稿与读者服务：010-62776969, c-service@tup.tsinghua.edu.cn
　　　　　质量反馈：010-62772015, zhiliang@tup.tsinghua.edu.cn
印 装 者：大厂回族自治县彩虹印刷有限公司
经　　销：全国新华书店
开　　本：170mm×240mm　　　印　张：10.25　　　字　　数：167 千字
版　　次：2024 年 2 月第 1 版　　　印　次：2024 年 10 月第 2 次印刷
定　　价：39.00 元

产品编号：099578-01

写作说明，供教师参考

　　本书的写作目的是为 32 学时物理专业本科生理论力学课程的教学提供教材。

　　理论力学是一门比较成熟的课程，国内外已有多种优秀的理论力学教材。但是，本书作者认为国内的理论力学教师还是有必要继续进行教材建设工作，原因主要有三点。一是已有的教材太过厚重，不能适应部分高校实际的教学需要。国内高校众多，其中一些高校的理论力学课程设定为 32 学时。这种学时上的设定使得教师只能对现有的优秀教材进行大量取舍。而经验丰富的教师在编写一本优秀教材时通常做过整体的规划，这种根据学时进行的删减会破坏优秀教材内在的逻辑完整性。二是我们的教育工作已由建国初期种种匮乏之下不得已而为之的精英教育转成了普惠性的素质教育。在这种情况下，教师不应对学生的才智与学习热情做不符合实际的非理性假定，而应着重改进自己的教学模式使之适应教学对象的特征。实事求是地讲，目前的大部分学生（若我们考虑的是全国的物理系而不仅仅只是几所录取分数较高的大学的物理系）不可能对课程规定的教材做全面性地阅读与学习。学生们会产生"望峰息心"的情绪，反倒不利于学习。因此，重新编写适合当前学生阅读与学习的小篇幅正文与"轻"习题教材是十分有必要的。三是现有的理论力学教材或多或少地有点理工不分的特征，然而物理系与力学及相关院系对理论力学课程的需求是完全不同的，这导致有一些本适合作为理论力学素材的内容没能出现在理论力学的教学中。

　　因此，本书作者建议中青年教师根据自己所在高校与院系的实际需求，重新编写适合的"轻型"教材，以满足实际的教学需要，帮助学生以更适合他们实际情况的方式进入到理论力学的学习中。事实上，本书作者不但想建议理论力学的教师重新编写一批符合当前教学实际的教材，也想建议整个物理学专业（其他专业情况我们不了解）的教师都编写一些轻型教材。

从目前的"力热光电"到四大力学，再到专业物理的三段式教学框架是六七十年前形成的，很难符合当前实际情况。在不适宜的学习模式下，学生们并未如预想中的"系统全面地掌握物理学知识"，我们的教学安排可能存在严重超出负荷的情况。在全国物理系无法系统性精简课程的情况下，做教材建设也是很好地缓解"理论上的教学"与"实际上的教学"之间矛盾的手段。本书作者建议中青年教师们主动承担起探索新时期教学模式的责任，从基层与一线开始教育教学改革以使教学工作更好地服务于学生以及国家发展。

具体到理论力学这门课上，不同院系不同专业需求不同，不同学时数能讲授的内容也不同。在 32 学时以及对象为物理学专业本科生两个限定下，本书作者将理论力学课程作如下定位：为深度的物理课程学习做理论语言准备；帮助学生熟悉相对论等现代对称性概念及描述方法，以及了解一般性的力学模型。

在这种定位下，作者选定了适合 16 次课（32 学时）讲授完成的内容，试图通过这些内容为物理学专业学生带来部分现代物理学思想及概念，并为进一步学习提供必需的基础语言框架以及方法。这些概念和方法包括一般性的时空观、时空变换及其对物理规律的要求，最小作用量原理，拉格朗日和哈密顿的力学方法，谐振子，天体运动规律，粒子散射实验的物理图像与散射截面，刚体模型，流体模型，以及进一步学习需要的数学工具及语言，如梯度、散度和旋度，转动的描述及矢量、张量的定义，球坐标系，简单的微分方程求解，李群与对称性。

经作者本人多次尝试，本书全部内容基本可在 16 次课内讲完。但若将最后一次课当作复习课以便顺利完成考试，则需适当略去部分内容。建议略去的内容可在以下内容中选取部分或全部：有心力下运动轨道的封闭性，绝热方程，正则变换。这些内容与"为进一步学习提供必需的基础语言框架以及方法"这一目的关联较弱，同时也与这些内容前后的其他内容无关联。另外需要指出的是，本书章节的设置主要基于内容的逻辑性，因而并不总能很好地符合教学时间。在实际讲课中会出现授课跨小节的情况。也就是说，虽然本书总共 15 小节，但并不意味着每小节都能在一次课左右时间内完成。如第一小节中介绍坐标系就要花 3 学时。

引　言

　　物理学是以大自然中的物和物的理为研究对象的知识体系。物指的是构成这个世界的基本物质以及由其构成的复杂对象，理指的是基本物质之间的基本相互作用规律及其在不同尺度上的有效相互作用规律。一般来说，与生命现象有关的研究对象与规律，以及分子尺度上物质的组成、结构、性质与规律并不属于物理学的研究范畴。同时，运用已知物理规律研究宏观结构的组成与性质也一般不属于物理学的研究范畴。物理学关注的是大自然中的物质所遵循的基础性规律。

　　力学研究的是宏观物质所满足的一般性运动规律。人们试图从几个基本的概念（空间、时间、物质的质量以及相互作用等）出发，通过构建其他概念（速度、加速度、力、动量、角动量以及轨道等）以及概念所遵循的物理规律的方式描述并解释物质的运动。对于力学体系来说，相互作用规律来自于力学知识体系外部。人们不在力学框架下探讨相互作用的形式以及起源，而是假定已经知道了相互作用的形式，如万有引力定律或库仑定律等，然后运用力学方法讨论这些定律与自然界中的物质运动现象（如行星运动）的关系。

　　在国内的物理学教育体系中，人们一般将力学知识分成力学和理论力学两门课程来讲授。在力学这门课程中介绍的主要是基于牛顿运动三定律的牛顿力学体系以及独立于这三定律的万有引力定律，而在理论力学课程中则主要是介绍拉格朗日力学体系和哈密顿力学体系，以及被认为难度上超出力学课程的质点系、有心力、微（小）振动以及刚体等问题。从理论架构上看，牛顿力学更加接近现象，牛顿运动三定律本身就是直接来自于对现象的归纳总结。描述牛顿力学的概念，如加速度与力等，也是较为直观的概念，即使没学过力学的人也能明白力是什么意思。理论力学强调的则是原理，从抽象的、预先假定的第一原理出发构建理论体系。在原理中引入的量，如拉格朗日量等，也是较为抽象且没有现实对应的量。另外，除从第一原理出发构建理论这种思维方式外，理论力学还在数学方法上超出了力学的框架。在理论力学课程的学习中，我们将广泛地使用偏微分方程（不过不用担心，它并不会超出二阶微分方程的水平）求解问题；矢量乃至张量的运算更是会大量地出现在计算中；变分法也是我们不得不运用的一个技巧；自然适合用来描述对称性的数学语言，群论，特别是李群，也是我们会讨论的内容。除此之外，关于理论力学，我们还有以下三点需要特别说明。

首先，在理论力学的学习中，我们一般不在没有必要的情况下引入力的概念，而只是以较为抽象的相互作用项（势能项）代表力的影响或者说相互作用。这样的处理方式虽然失去了直观性，即放弃了更为熟悉的力，但是却更符合基本物理的概念体系，在逻辑上反而更加合理。这有点类似于场的概念的引入：用力的方式描述万有引力或库仑力时，虽然直观，但却不得不接受逻辑上非常不合理的超距作用（上述两个公式仅说明了相距一定距离的对象有力的作用，并未说明这种力是如何传播的，即其隐含了瞬时影响的概念，也就是超距作用）；而引入场则可将相互作用描述为特定位置处的场——引力场或电场——对该位置处的物质的影响，即相互作用总是局域的。用抽象的场替换直观的力使我们摆脱了逻辑上怪异的瞬时超距作用，因此我们可以接受这种代价。更为基本层面的物理需要用量子理论的体系描述，而力的概念并未被自然地包括其中，因此我们放弃这种宏观上直观的概念。事实上，我们在宏观水平上使用的全部的力的概念，都可以用基本层次上的相互作用代替。以我们今天的认识，自然中只存在四种相互作用，即引力相互作用、电磁相互作用、强相互作用和弱相互作用，后二者是短程相互作用，只存在原子核及以下的尺度上。在宏观尺度上的相互作用只有我们熟知的引力相互作用和电磁相互作用。显然，我们可以分辨哪些是引力相互作用，那么剩下的各种力我们都可以将其解释为电磁相互作用或其有效相互作用，比如摩擦力或者支撑力等，在微观层面上它们都是原子之间的电磁相互作用的结果。总而言之，只有当用基本相互作用——势能的方式——描述问题时太过复杂，我们才引入力的概念，比如在讨论流体力学时。不然我们始终只在理论中使用势能的概念代表不同对象或外界对物理系统的影响。

其次，虽然我们在理论力学的课程中着重介绍拉格朗日力学与哈密顿力学，但是我们必须强调的是，对于大自然的宏观力学现象，这三种力学体系并没有任何一种能给出超出其他二者的理论阐释。牛顿力学、拉格朗日力学以及哈密顿力学在现象的说明方面是完全等价的，没有任何一种更为高级。只是到了微观层面，需要用新的理论体系，即量子体系描述问题的时候，拉格朗日力学与哈密顿力学作为一个理论语言框架仍便于继续使用，而基于力的概念的牛顿力学则基本无用武之地了。但是对于宏观的力学现象，这三种力学体系没有任何一种能给出更为准确的理论计算结果。

最后，在本课程的学习中我们几乎完全忽略了适合工科使用的力学分析方面的知识。我们没有讨论诸如达朗贝尔原理、虚位移、虚功原理以及约束力等内容。忽略这些内容有两个原因，一是课时数有限，二是这些知识并不是继续学习物理学必须的。在本科阶段的统计物理、电动力学、量子力学，以及后续更为专业的光学、凝聚态、宇宙学、粒子物理学等物理学知识的学习中并不非得需要这些知识。因而在课时数有限的情况下，我们忽略掉这些内容。对于打算转入力学专业学习或有特殊考试（如参加某些单位的研究生考试）需要的同学，可以在后面推荐的一些教材中找到相关内容。

我们即将在本书中学到的内容可以被总结为一个原理（最小作用量原理），一种观念（四维时空观），一个关系（对称性与守恒律），两套力学（拉格朗日力学和哈密顿力学），三种模型（质点、刚体和连续介质），四种数学概念方法（球坐标系、张量、群论与微分方程）。希望同学们能通过这些内容的学习，对物理学的框架性语言及基本数学工具有一定程度的掌握。

在数学上，我们设定本书的读者已经掌握了矢量概念和诸如叉乘、点乘等矢量运算；熟知基本的微积分运算并且熟悉泰勒展开；且明白矩阵的概念和基本的矩阵运算，如行列式等。在物理上，我们假定本书的读者已掌握牛顿力学知识，如牛顿运动三定律、力矩、角动量等。

参考书推荐

本书作者试图编写一本适合在 32 学时的理论力学课程中使用的教学用书，课程的授课对象为物理学专业学生。基于这个写作定位，作者强烈地限制了本书的内容，试图使之完全匹配课堂教学，即使课后习题也按照实际教学的作业量设置，因而本书内容极为有限。通过教学实践，作者清楚地看到这样的设置足够满足大部分学生的需要（如果我们以国内全体物理学专业学生为对象的话）；但同时，作者也明白这样的设置必然会导致极小部分学有余力的学生所获有限。另外，教与学之间始终存在着匹配程度的问题，并没有任何一名教师的讲课风格与内容适合于所有的学生。因此，作者向有兴趣更为深入全面了解理论力学的学生以及不喜欢本书风格与内容的学生推荐其他几本国内容易买到的优秀著作。

首先是文献 [1] 朗道的《力学》。这本书事实上框定了大陆地区面向理科生的理论力学教学的主要内容。成书于改革开放早期的优秀教材在一定程度上参考了本书的设定，而近期的教材又较多地参考了早期的优秀教材。该书依靠简洁有力的语言，在不到 200 页的篇幅内讲解了大量的内容，同时也提供了内容丰富、针对性极强的课后习题。由于朗道素有威名（1962 年诺贝尔物理学奖得主），本书又直接以较为抽象的分析力学开篇，所以部分学生对这本书望而却步，不愿意拿这本书当自己的入门教材。事实上大可不必有这种心态。物理学学习中遇到的困难主要有两种，一种是物理概念与图像不清楚，一种是不熟悉数学方法。这两关都是学习理论力学时不得不过的，不论用哪本教材都会遇到这个问题。朗道的《力学》并未引入超于其他教材的高级概念，也没有用到特殊的数学手段。事实上，在一些问题的处理上，朗道试图使用的是更为简朴的处理方式。比如说，在分析质点碰撞问题时，朗道在书中常用直观的几何图形来说明问题的解。不过，这本书也的确令学生感到"很难"的地方，那就是全书极为简练。

尽管如此，直接向朗道（尽管《力学》由其学生执笔）学习仍是非常值得一试的。

文献 [3] 梁昆淼教授的《力学（下册）——理论力学》也是一本适合物理学专业学生学习理论力学的优秀教材。这本书最大的特点是取材广泛，讲解透彻，推导详尽。这本书的内容太过广泛，对于一个普通基础和精力有限的学生来说，充分利用这本书显然是要花费大量时间的。这样的特点使得这本书非常适合作为参考书，但是否要拿这本书当入门学习时使用的教材，则需要各位读者本人自行判断。这种判断涉及关于作为课程的理论力学的一个重大问题，即在理论力学的学习上到底要花多少时间。尽力弄清楚经典力学的方方面面当然是一个很有追求的想法，但是学习物理学前沿领域的时间又该从哪里来呢？毕竟物理学仍是一门富有活力和价值的学科，人们学习它的最主要目的是为了更好地发展它、利用它，而不是仅仅为了了解它。

文献 [4] 是吴大猷教授的《古典动力学》。这本书仍是一本针对物理学专业学生的经典著作。本书的特点是精练，但全面及理论化。全书对理论力学的覆盖性非常强。但本书形式化程度很高，语言较少，不适合当教科书。

文献 [2] 是周衍柏教授的《理论力学教程》。这本教程是改革开放以后最重要的理论力学教材，其优秀品质经过各大高校的理论力学授课的反复检验。这本书的体量恰到好处，据其作者估计可在 54 学时内讲完。这本书讲解详细，公式推导清楚，习题设置合理。但从针对物理学专业学生授课的角度考虑，这本书对分析力学强调不够。从课程依赖性的角度考虑的话，设置理论力学课程最大的目的在于为后续学习，如量子理论和统计物理的学习做理论语言准备。因而本教材对物理学专业学生针对性不强，更适合力学等专业的学生使用。

最后要推荐的是文献 [6] 刘川教授的《理论力学》。这是一本新近出版的优秀理论力学教材，非常适合物理学专业本科生使用。这本书内容也包括了相对论及群论的内容，以及大量的物理现象讨论以及很多理论工具的介绍。全书内容紧凑且充实，在 200 页的篇幅内讲授了大量的内容，包含了很多较新的概念。

除上述推荐的五本著作外，国内还存在着大量的优秀理论力学教材。但一方面由于作者本身所知有限，另一方面作者将本书读者设定为物理学专业学生，因此作者就只推荐上述五本教材以供参考。对于面向工科学生的优秀理论力学教材和其他作者不熟悉的优秀教材，作者没办法做推荐，请读者自行了解。

若考虑英语教材，文献 [5] H.Goldstein 等人编写的 *Classical Mechanics* 是最为出色的理论力学教材之一，很多方面都优于朗道的《力学》。该书对很多较为现代的概念都进行了系统的讲解。与梁昆淼教授的书一样，本书主要的问题是内容太过充实，或许不适合缺乏足够热情或不愿意花太多时间的学生使用。

符号与约定

我们在这里列出本书中一些符号和公式的使用约定。

特殊符号

我们用 ≡ 来表示一个符号的定义。这个符号的左边为要定义的符号，右边为定义式，如

$$\nabla \equiv \frac{\partial}{\partial x}\boldsymbol{e}_x + \frac{\partial}{\partial y}\boldsymbol{e}_y + \frac{\partial}{\partial z}\boldsymbol{e}_z \tag{1}$$

这里的 $\boldsymbol{e}_i$ 为 i 方向上的单位矢量。

我们用 $\mathcal{O}(a)$ 表示 a 及 a 的高阶项，如

$$e^x = 1 + x + \frac{1}{2!}x^2 + \frac{1}{3!}x^3 + \cdots = 1 + x + \mathcal{O}(x^2) \tag{2}$$

矢量

既有大小又有方向的物理量被称为矢量[①]，如速度、力等；只有大小没有方向的物理量被称为标量，如质量、时间等。一个矢量的大小也是一个标量。在本书中，我们用黑体表示三维空间中的矢量，常规字体表示标量。如速度矢量可以表示为 $\boldsymbol{v}$，而 v 则代表速度的大小，即 $v = |\boldsymbol{v}|$。某个矢量大小的平方，即该矢量与自己的内积，既可以用黑体表示，也可以用常规字体表示，如

$$v^2 = \boldsymbol{v}^2 = |\boldsymbol{v}|^2 = \boldsymbol{v} \cdot \boldsymbol{v}$$

一个标量对某个矢量求偏导数，结果是一个矢量，如

$$\frac{\partial L}{\partial \boldsymbol{v}} \equiv \frac{\partial L}{\partial v_x}\boldsymbol{e}_x + \frac{\partial L}{\partial v_y}\boldsymbol{e}_y + \frac{\partial L}{\partial v_z}\boldsymbol{e}_z \tag{3}$$

---

① 这么说并不完全准确，参见本书有关"转动"的内容。

因而，若求的是位置矢量的偏导数，则相当于求梯度，可用哈密顿算符表示，如

$$\frac{\partial L}{\partial \boldsymbol{r}} \equiv \frac{\partial L}{\partial x}\boldsymbol{e}_x + \frac{\partial L}{\partial y}\boldsymbol{e}_y + \frac{\partial L}{\partial z}\boldsymbol{e}_z = \nabla L \tag{4}$$

上下标

除非明确说明，否则本书中的上下标一般按下列习惯使用。

（1）α 一般用作广义坐标的序号，s 一般用作广义坐标的维数，例如 q_α，其中 $\alpha = 1, \cdots, s$。

（2）a 一般记作系统中质点的序号，例如 r_a 代表系统中第 a 个质点的位置矢量。

（3）在讨论相对论内容时，一般用 i, j, k 等拉丁字母表示三维空间的标签，也就是说这些符号常用来表示 $1, 2, 3$ 中的某一个；对于四维时空，则常用希腊字母，如 μ, ν 等表示时空标签，这些字母的取值为 $0, 1, 2, 3$。

（4）在讨论相对论时，有特殊的求和约定，即

$$x_\mu x^\mu = \sum_{\mu=0}^{3} x_\mu x^\mu = x_0 x^0 + x_1 x^1 + x_2 x^2 + x_3 x^3$$
$$= x^0 x^0 - x^1 x^1 - x^2 x^2 - x^3 x^3 \tag{5}$$

洛伦兹-亥维赛单位制

在本书中，凡涉及电磁学的部分，全部采用洛伦兹-亥维赛单位制。在这个单位制下，麦克斯韦方程组简洁且对称，没有 4π，只有光速 c 出现在基本方程中。

洛伦兹-亥维赛单位制与另一种电磁学中常用的单位制——高斯单位制——在力学上的约定相同，力的单位是达因（dyn），$1 \text{ dyn} = 10^{-5} \text{ N}$；长度、重量和时间的单位用 CGS 制，即分别为厘米（cm）、克（g）和秒（s）。

电磁学里，国际单位制定义了电荷的单位为库仑，库仑定律中有一个系数 $1/4\pi\varepsilon_0$。高斯单位制下，系数 $1/4\pi\varepsilon_0$ 被定义为 1；而洛伦兹-亥维赛单位制则将这个系数定义为 $1/4\pi$。在洛伦兹-亥维赛单位制下，库仑定律为

$$F_{库仑} = \frac{q_1 q_2}{4\pi r^2} \tag{6}$$

同样地，毕奥-萨伐尔定律中的系数 $\mu_0/4\pi$，在洛伦兹-亥维赛单位制下被定义为 $1/4\pi c$，其中 c 为真空中的光速。

在洛伦兹-亥维赛单位制中，真空中的麦克斯韦方程组变成了更简单对称的形式：

$$\begin{cases} \nabla \cdot \boldsymbol{E} = \rho \\[2ex] \nabla \times \boldsymbol{E} = -\dfrac{\partial \boldsymbol{B}}{c\partial t} \\[2ex] \nabla \cdot \boldsymbol{B} = 0 \\[2ex] \nabla \times \boldsymbol{B} = \dfrac{\boldsymbol{j}}{c} + \dfrac{\partial \boldsymbol{E}}{c\partial t} \end{cases} \tag{7}$$

其中 ρ 与 $\boldsymbol{j}$ 分别为电荷密度和电流密度，只要将二者替换成 $4\pi\rho$ 与 $4\pi\boldsymbol{j}$，就得到了高斯单位制中的麦克斯韦方程组。在这两个单位制下，带电粒子受到的洛伦兹力为

$$F_{\text{洛伦兹}} = \frac{q}{c}\boldsymbol{v} \times \boldsymbol{B} \tag{8}$$

电场强度和磁感应强度可分别用矢量势与标量势表示为

$$\boldsymbol{E} = -\nabla\varphi - \frac{\partial \boldsymbol{A}}{c\partial t} \tag{9}$$

$$\boldsymbol{B} = \nabla \times \boldsymbol{A} \tag{10}$$

傅里叶变换

本书中，我们始终把傅里叶变换中的 2π 因子都放到对频率的积分中，即

$$f(t) = \int_{-\infty}^{+\infty} \frac{\mathrm{d}\omega}{2\pi} \tilde{f}(\omega)\mathrm{e}^{\mathrm{i}\omega t} \tag{11}$$

$$\tilde{f}(\omega) = \int_{-\infty}^{+\infty} \mathrm{d}t f(t)\mathrm{e}^{-\mathrm{i}\omega t} \tag{12}$$

这样较为方便，不用一直写 $\sqrt{2\pi}$。

δ 函数

物理学中会用到一些特殊函数，其中最简单且极为常用的一种是 δ 函数。δ 函数一般用来表示分布情况。根据属于离散型分布还是连续型分布，δ 函数分为两种。

第一种被称为克罗尼克 δ 函数，其定义如下：

$$\delta_{ij} = \begin{cases} 1, & i = j \\ 0, & i \neq j \end{cases} \tag{13}$$

第二种被称为狄拉克 δ 函数。克罗尼克 δ 函数的标签 i, j 为自然数，而狄拉克 δ 函数的标签是连续变量。狄拉克 δ 函数有很多个定义，我们在这里仅简要讨论。可以用傅里叶变换定义狄拉克 δ 函数：

$$\delta(x) = \int_{-\infty}^{+\infty} \frac{\mathrm{d}k}{2\pi} \mathrm{e}^{\mathrm{i}kx} \tag{14}$$

也就是说，狄拉克 δ 函数与 1 互为彼此的傅里叶变换。狄拉克 δ 函数也可以用亥维赛阶跃函数

$$H(x) = \begin{cases} 1, & x \geqslant 0 \\ 0, & x < 0 \end{cases} \tag{15}$$

来定义：

$$\delta(x) = \frac{\mathrm{d}H(x)}{\mathrm{d}x} \tag{16}$$

狄拉克 δ 函数 $\delta(x)$ 是一个在 $x = 0$ 处无限大，在其他位置都为零的函数。物理上之所以要引入这个函数，主要是为了处理分布。当我们讨论的某个对象有具体位置，比如就在 $x = 0$ 处，那我们就可以使用狄拉克 δ 函数。这个函数告诉我们，只有在 $x = 0$ 处有我们感兴趣的对象。狄拉克 δ 函数不会单独出现在物理计算中，它一定出现在积分下。这种只在积分（或求和）下有意义的函数一般被称为**广义函数**，或者直接称为**分布**。

狄拉克 δ 函数最重要、最常用的一个积分是

$$\int_{-\infty}^{+\infty} \mathrm{d}x f(x)\delta(x - x_0) = f(x_0) \tag{17}$$

利用狄拉克 δ 函数处理积分非常简单。

　　另一个很常用的关系式处理的是狄拉克 δ 函数的自变量是一个函数的情况：

$$\delta(f(x)) = \frac{1}{|f'(x_0)|}\delta(x - x_0) \tag{18}$$

这里的 f' 代表 f 的导数函数，而 x_0 是 $f(x) = 0$ 的解。

目　　录

第 1 章 拉格朗日力学

牛顿力学中的定律是关于自然界中宏观运动现象的基本规律，主要描述的是物体在力的作用下的运动规律。在牛顿力学之后，人们又发现了其他形式的力学概念体系，如拉格朗日力学和哈密顿力学。这两种力学使用了更为一般性的描述方式，但在形式上却更为抽象。在描述宏观力学现象上，二者与牛顿力学完全等价。在描述微观现象时，二者作为理论框架，更具一般性。因此，我们有必要学习这些力学体系。

按今天人们的认知，对称性在物理学中居于基础地位。今天的物理学家们从对称性出发建构基本的物理规律，人们将各种各样的相互作用看作是不同对称性的自然结果。一条数学定理——诺特定理——告诉我们，对称性也是守恒律存在的原因。由于对称性如此重要，我们需要了解对称性的一般性描述方式。

在本章的学习中，我们将先简要地回顾牛顿力学，然后从最小作用量原理出发，介绍拉格朗日力学。接着，探讨对称性与守恒律之间的关系，并引入用于描述对称性的数学语言。最后，讨论牛顿力学的时空观。

1.1 从牛顿力学到广义坐标

我们在本节中先回顾牛顿力学的基本内容，比较其在不同物理内容中的基本形式；然后引入广义坐标的概念；最后介绍两种常用的坐标系，即柱坐标系和球坐标系。

1.1.1 牛顿力学回顾

牛顿力学的基础是来自于日常经验的三条定律，这三条定律称为牛顿运动三定律：

（1）物体将始终处于静止或匀速直线运动状态，除非有外力改变这种状态。

（2）物体在外力的作用下将作加速运动，加速度正比于外力。比例系数被称为质量，为物体本身固有性质。

（3）当一个物体对另一个物体施加力的作用时，它本身也受到另一个物体同等强度但方向相反的力的作用。

1. 牛顿运动定律

牛顿运动定律是关于力与运动的基础定律，是能够完备地描述宏观物体一般性运动特征的规律。由于读者大多已熟悉牛顿的运动定律，因而这里仅特别强调以下几点。

首先，在牛顿运动定律中反复出现的"物体"的概念，我们只需做直观性的理解，不宜过分深究。物理学是关于大自然的科学，其定律的得出常常依赖于直观性的概念与描述。试图以数学公理化的方式为物理学定律构建基础，严格定义所有概念，常常是极不明智的。这么说的原因主要有两点，一是研究者们研究特定物理学规律的时候，总是忽略掉大量微弱影响的因素，这使得物理规律具有天然的近似性；二是不同尺度上的物理学规律相当不同，而这种尺度上的变化没有明确的界限。因此在我们研究物理学规律时常常需要依赖一定的直观认知，比如对物体这一概念的认知。在牛顿力学定律中出现的物体概念，不宜被质点甚至粒子这样的概念替换。质点是一个纯粹的抽象概念，有一定的物理信息上的丢失。而粒子则隐含着微观性的特征，然而对于微观粒子来说，将其简单地视作"沙粒"之类的模型又是不正确的。所以，我们在描述牛顿力学定律的时候，用的是物体而不是质点或者粒子这样的概念，虽然我们解决问题时常常将物体简化为"质点"以便于讨论。质点，只是我们在处理力学问题时常用的模型中的一种。

其次，对于"力"这个概念我们也只做这种直观性的理解，因为在微观层次上"力"也并不是一个好的概念，需要被其他概念（比如场及场的相互作用）代替。同时，"力"的具体形式来自于牛顿力学定律的外部。牛顿力学定律阐明的是力和运动的关系，力的形式并不是牛顿力学处理的问题。比如，我们知道物体之间有万有引力，其大小与距离的平方成反比，性质为吸引性；带电物体之间有库仑力，其大小与距离的平方成反比，根据电荷的不同，性质为吸引或排斥。像万有引力或库仑力的具体形式，并不是我们所说的"牛顿力学"这一知识系统负责研究的内容。我们需要通过其他的理论，弄清楚这些力的形式后，直接将其放到牛顿力学体系中加以应用。值得注意的是，根据做功是否只取决于位置而与路径无关，力被分为**保守力**和**非保守力**两种。类似于万有引力和库仑力这样的力，都是保守力。保守力具有基本性，一切非保守力本质上都是保守力的某种剩余效应。

比如说，在高中的时候，我们会说一支放在桌面上的钢笔会受到桌面施加的支撑力的作用，支撑力就是非保守力。在宏观层面上的这种支撑力本质上是电磁力。我们把钢笔与桌面的连接处不断放大，最后我们会看到组成钢笔的原子与组成桌面的原子。这两组原子之间有电磁力的作用。电磁力使两者之间保持一定的距离，无法彼此穿过，因而我们在宏观上看到钢笔受桌面施加的支撑力的影响。关于这个问题我们后面的学习中还要讨论。

再次，质量是作为比例系数被定义的。要想使不同物体获得同样的加速度，则物体质量越大，需要施加的力越大；物体质量越小，需要施加的力越小。因此质量代表着改变物体运动状态的难易程度。由于在牛顿的万有引力定律中也定义了质量，因此在逻辑上，牛顿运动三定律体系与牛顿万有引力定律体系就在质量定义的问题上出现了重复定义的矛盾性。这一矛盾需要留到广义相对论的学习中解决。

最后，静止和匀速直线运动是等价的，这涉及参考系的选取。牛顿力学定律隐含定义了**惯性参考系**的概念。惯性参考系即牛顿第一定律成立的参考系。牛顿运动定律是一个一般性理论，因而我们自然会想到牛顿第一定律意味着在最一般的情况下，即一般性的空间（而不是某个特殊的房间或其他的什么空间）中，牛顿运动定律成立。这一点与我们的经验相符合。使牛顿第一定律不成立的空间总是存在着有差异的位置或特殊的方向，也就是使物体无法作匀速直线运动的位置或方向。牛顿运动定律成立即意味着没有这样的位置或特殊方向，也就是说空间均匀且各向同性。当然，最一般性的空间也不应与时间有关。我们可以把空间均匀且各向同性、时间均匀当作惯性系的定义。

2. 牛顿第二定律

从求解运动问题的角度看，牛顿运动三定律中最重要的是牛顿第二定律，即

$$\boldsymbol{F} = m\boldsymbol{a} \tag{1.1}$$

其中 $\boldsymbol{a}$ 代表加速度，即速度随时间的变化快慢。而速度又是代表物体位置变化快慢的物理量。在物理学中，变化快慢指的是某个物理量随时间的变化率，用数学的语言说即是某个物理量对时间的导数，因此我们有

$$\boldsymbol{a} = \frac{\mathrm{d}\boldsymbol{v}}{\mathrm{d}t} = \frac{\mathrm{d}^2\boldsymbol{r}}{\mathrm{d}t^2} \tag{1.2}$$

其中 $\boldsymbol{r}$ 代表物体在空间中的**位置矢量（位矢）**。在选取好的参考系中，根据所讨论的问题，确定好适合的坐标系，可以把位置记成坐标，这样我们

就可以做具体的数学描述了。当我们把位矢 r 当成时间 t 的函数时，它随着时间的连续变化就是物体在空间中的运动轨迹。当我们说用牛顿运动定律求解问题的时候，我们主要说的就是解出作为时间函数的 $r(t)$ 的具体函数形式。

在讨论实际问题时，人们会引入**动量**的概念，将牛顿力学写成

$$F = \frac{\mathrm{d}p}{\mathrm{d}t} \tag{1.3}$$

其中动量

$$p = mv \tag{1.4}$$

在后面的学习中，我们会看到，动量比速度和加速度更具基本性。

3. 牛顿力学对转动问题的描述

有一大类力学问题是转动问题，比如推门就是一个转动问题。人们在描述力学问题时讨论的是位置的变化，在转动问题里有一个天然的位置变量，就是角度。只要知道了角度，我们就知道了转动（比如推门）进行得怎么样。转动研究的是角度的变化问题。角度变化的快慢称为**角速度**。虽然物体运动是因为有力的存在，但在用角度描述转动时，力并不是唯一需要知道的物理量。在推门时，我们手按的位置也影响推门的效果。施加同样的力，推靠近门轴的地方就更难一些。因而，在考虑转动问题时，人们会引入**力矩**的概念。力矩被定义为

$$M = r \times F \tag{1.5}$$

这里的乘法是数学上的"叉乘"。两个矢量叉乘后得到的矢量总是垂直于这两个矢量本身。转动问题可以根据牛顿第二定律写成力矩的形式，即

$$M = \frac{\mathrm{d}J}{\mathrm{d}t} \tag{1.6}$$

其中 J 为角动量。对于质点来说，角动量可以写成坐标与动量的叉乘：

$$J = r \times p \tag{1.7}$$

在考虑单个质点绕某个定点的转动问题时

$$J = I\Omega \tag{1.8}$$

其中 Ω 为角速度，即角度随时间的变化率；而 I 是质点相对于定点的**转动惯量**。若两点之间距离为 r，则

$$I = mr^2 \tag{1.9}$$

多个质点的转动问题将在本书的刚体相关内容中讨论。

4. 规律的相似性

以上内容就是我们关于牛顿力学所知道的一些基本概念与定律。有了这些基本定律与概念后，各种力学问题都可以按照先写下正确的力，再求解方程这一流程进行分析研究。我们无意讨论如何做具体的计算，因为读者通常已经在力学课程中学过相关内容。我们在这里关心的是更一般性的问题。

我们将牛顿第二定律与转动问题中的公式比较一下，会发现两者有高度的类似性。将两类问题中涉及的物理量和公式列在表 1.1 中。从这个对比中我们可以很明显地看出来，一般性的运动与转动问题虽然采用了不同的物理量进行描述，但是其形式高度一致。我们只要将描述一般性问题的位矢、力、质量等概念替换成角度、力矩、转动惯量等概念，二者在规律形式上就完全一致。这使得人们猜想，有没有可能一般性地描述运动，不去区分坐标到底代表的是位矢还是角度。这种探索使人们提出了广义坐标的概念以及拉格朗日力学。

表 1.1　不同运动公式的比较

位矢	力 $\boldsymbol{F}$	动量 $\boldsymbol{p}$	质量 m	$\boldsymbol{F} = \dfrac{\mathrm{d}\boldsymbol{p}}{\mathrm{d}t}$
角度	力矩 $\boldsymbol{M}$	角动量 $\boldsymbol{J}$	转动惯量 I	$\boldsymbol{M} = \dfrac{\mathrm{d}\boldsymbol{J}}{\mathrm{d}t}$

1.1.2　广义坐标

若描述一个力学系统中所有物体的位置需要 s 个独立变量，我们就说这个系统的**自由度**为 s。比如在桌面上运动的质点，其自由度就是 2。去掉桌面这个限制，在房间中运动的质点，其自由度是 3。谈论自由度时，要注意"独立"二字，若有某种约束（如限定在桌面上运动）存在，则自由度会相应变化。考虑两个质点，若它们都是独立运动的，则这样一个双质点系统的自由度就是 6。若两个质点被一根质量可忽略的细杆连接起来，则二者之间的距离将保持不变，距离保持不变这个约束条件使得这样的双质点系统的自由度变成了 5。

对于自由度为 s 的力学系统，我们可以选择 s 个坐标来描述这个系统。在以前的学习中，我们常常采用笛卡儿三维直角坐标系（简称笛卡儿坐标系或直角坐标系）来描述位置。但在有些问题里，并不需要知道所有质点的笛卡儿坐标也可以描述清楚问题，甚至还更容易。比如描述转动，我们需要的就只是角度。因而人们用广义坐标的概念来描述力学系统。

对于自由度为 s 的力学系统，能够完全描述其运动的 s 个独立变量被称为**广义坐标**。在本书中，我们一般用 $q_1, q_2, \cdots, q_s$ 来表示广义坐标。"广义"的意思在于不必拘束于笛卡儿坐标，两个坐标的间隔也不必非得是长度，也可以是角度或其他物理量。若我们描述桌面上绕着某一定点转动的笔杆，只需要选取一个角度作为广义坐标就能完整描述这个运动了。广义的意思也在于不必拘束于描述某种位置，只要能完整地描述所讨论的物理系统的自由度的物理量，都可以是广义坐标。在物理学中，非常重要及基础的一部分理论是**场论**，如电磁学或电动力学就是关于"场"的理论。在场论中，场本身就是广义坐标。场论就是用场作为广义坐标构建的理论。

根据经验，只知道坐标并不能完整了解一个力学系统的信息，通常还需要知道速度[①]。在这里我们引入广义速度的概念，广义速度就是广义坐标对时间的导数，记为 $\dot{q}_\alpha$。在后面，我们将学习用广义坐标和广义速度描述物理系统的拉格朗日力学。

为了更方便地选用适合的广义坐标来描述运动，我们有必要在讨论力学规律之前先了解一下常用的坐标系。

1.1.3 柱坐标系和球坐标系

在描述物体的运动时，人们需要选择坐标系以便定量计算。直角坐标系是最常见又最直观的坐标系，但它并不总是那么方便，特别是在描述一些具有某种对称性的物理量或规律时更是如此。比如，万有引力定律是一种平方反比力，若在直角坐标下将其写出，则是

$$F = \frac{Gm_1 m_2}{x^2 + y^2 + z^2} \tag{1.10}$$

这里我们将某个物体的位置定义为坐标原点。由于这个力只与两点之间的距离有关，而在某一个点被定义为坐标原点的情况下，两点的距离可以写成

$$r = \sqrt{x^2 + y^2 + z^2} \tag{1.11}$$

显然式 (1.10) 只与一个变量 r 有关，我们却将其写成三个变量 x, y, z 而徒增烦恼。在这个定律中，三个坐标 x, y, z 互换，物理规律不变，这就是一

---

① 这是经验，而不是数学定理提出的要求。

种对称性。选择合适的坐标系，可以帮助我们将公式写成只与一个变量 r 有关的形式。因此人们还需要直角坐标系以外的其他坐标系，如柱坐标系和球坐标系。

1. 柱坐标系

在描述某些具有轴对称性的问题时，人们常常选用**柱坐标系**来描述问题。柱坐标系可以看作是平面上的极坐标系和一个直角坐标系的轴的组合。我们在直角坐标系中选出一个维度，比如 z 轴所代表的维度，则直角坐标系可用一个二维空间（xy 平面所代表的空间）与 z 轴来描述。对于 xy 平面，我们可以用极坐标系来描述。极坐标系用坐标 (ρ, φ) 来代表平面上的点，其中 ρ 代表某点到原点的距离，φ 代表该点与原点的连线与选定的基准轴的夹角。因而，三维空间中的任何一个点可以表示成 (ρ, φ, z)，这种表示空间中位置的坐标系就是柱坐标系。显然，柱坐标系中的坐标 (ρ, φ, z) 与直角坐标系中的坐标 (x, y, z) 有如下关系：

$$\begin{cases} x = \rho\cos\varphi \\ y = \rho\sin\varphi \\ z = z \end{cases} \tag{1.12}$$

柱坐标系适合用来讨论相对于 z 轴有轴对称性的问题。

2. 球坐标系

球坐标系是极常用的一种坐标系，如图 1.1 所示，因为它可以将长度部分与角度部分分开。这样的特点有助于它方便地处理：①被积函数只依赖于径向部分（长度）的空间积分；②具有球对称性的微分方程问题（同样也是强调仅有径向依赖这一特点）。

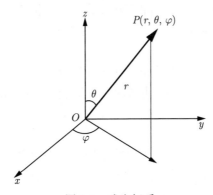

图 1.1　球坐标系

球坐标系用一个坐标 r 来表示三维空间中一个点（记为 P 点）距离原点（记为 O 点）的距离，再用两个角度来表示原点到 P 点的射线在空间中的相对位置。为方便起见，我们可以借助直角坐标系来说明球坐标系，并同时给出两个坐标系的变换关系。在球坐标系中需要定义一个特殊的方向，比如我们可以将这个方向定义为 z 轴的正向。定义之后我们将这个轴称为**极轴**，极轴与 OP 之间的夹角被称为**极角**，用 θ 表示。利用极角，可以将射线 OP 投影到 z 轴以及与 z 轴垂直的 xy 平面上，两个投影的长度分别为 $r\cos\theta$ 和 $r\sin\theta$。将 OP 在 xy 平面上的投影与 x 轴的夹角称为**方位角**，记为 φ。显然，OP 在 xy 平面上的投影（长度为 $r\sin\theta$）在 x 轴上的投影长 $r\sin\theta\cos\varphi$，在 y 轴上的投影长 $r\sin\theta\sin\varphi$。我们用坐标 (r,θ,φ) 就能完全表示 (x,y,z)，即

$$\left.\begin{aligned}
x &= r\sin\theta\cos\varphi \\
y &= r\sin\theta\sin\varphi \\
z &= r\cos\theta
\end{aligned}\right\} \tag{1.13}$$

直角坐标 (x,y,z) 可代表空间中任意一点，因而与之等价的 (r,θ,φ) 也可以代表空间中任意一点。用一个长度 r 与两个角度 θ,φ 构成的坐标系被称为球坐标系。人们一般将 r 的变化方向称为径向。很明显，极角 θ 变化的方向垂直于径向，也垂直于方位角 φ 变化的方向；方位角 φ 的变化方向也垂直于径向。同直角坐标系一样，三个坐标变化的方向彼此垂直，这种坐标变化的方向彼此垂直的坐标系被称为**正交坐标系**。

3. 不同坐标系中的无限小变化与体积微元

在处理物理问题时，我们常常使用无限小的量，如无限小的长度，无限小的体积等。用无限小的好处是可以建立简单的关系。在无限小的情况下，**不均匀可被看作均匀，弯曲可被看作平直**，因而便于建立物理量之间的关系。将无限小的量求和就得到了有限情况下的物理量。无限小的求和就是积分。

在直角坐标系中，三个无限小长度很简单，分别是 $\mathrm{d}x, \mathrm{d}y$ 和 $\mathrm{d}z$。由于直角坐标系中的三个方向互相垂直，因而直角坐标系中的无限小体积可以表示成 $\mathrm{d}x\mathrm{d}y\mathrm{d}z$。

柱坐标系是平面极坐标系和一个笛卡儿坐标的组合。笛卡儿坐标很简单，对应的无限小长度就是 $\mathrm{d}z$，将其乘以极坐标系的面积微元就得到了柱坐标系的体积微元。在平面极坐标系中，当长度 ρ 与角度 φ 分别变化 $\mathrm{d}\rho$ 与 $\mathrm{d}\varphi$ 时，在径向（ρ 的方向）上的长度变化就是 $\mathrm{d}\rho$，在横向（φ 的变

化方向）上的长度变化是 $\rho\mathrm{d}\varphi$（弧长公式），如图 1.2 所示。径向与横向彼此垂直，因而面积（矩形）微元为 $\rho\mathrm{d}\rho\mathrm{d}\varphi$。将面积微元乘以 $\mathrm{d}z$ 就得到了柱坐标系中的体积微元

$$\mathrm{d}V_柱 = \rho\mathrm{d}\rho\mathrm{d}z\mathrm{d}\varphi \tag{1.14}$$

其中 ρ 的取值范围为零到无穷大，φ 的取值范围为 $0\sim 2\pi$。

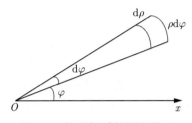

图 1.2　极坐标系的面积微元

　　球坐标系的体积微元也可以类似求出。在球坐标系中有三个方向，即 r 的变化方向，极角 θ 的变化方向和方位角 φ 的变化方向，三者互相垂直。这三个变量的无穷小变化 $\mathrm{d}r$，$\mathrm{d}\theta$ 与 $\mathrm{d}\varphi$ 组成了这三个彼此垂直的方向上的无穷小长度变化。在径向 r 的方向上长度变化就是 $\mathrm{d}r$。其他两个方向上的无穷小长度变化都可以像极坐标系一样用弧长公式求出。因而极角 θ 的变化带来的无穷小长度是 $r\mathrm{d}\theta$；而方位角 φ 的变化对应的"半径"是 $r\sin\theta$，因而带来的无穷小长度变化就是 $r\sin\theta\mathrm{d}\varphi$，如图 1.3 所示。将这三个无穷小长度相乘就得到了球坐标系中的体元

$$\mathrm{d}V_球 = r^2\sin\theta\mathrm{d}r\mathrm{d}\theta\mathrm{d}\varphi \tag{1.15}$$

同样地，r 的取值范围为零到无穷大，极角 θ 的变化范围为 $0\sim\pi$，方位角 φ 的变化范围为 $0\sim 2\pi$，这样就能穷尽整个空间且无重复。

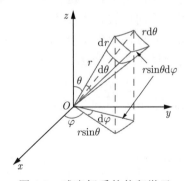

图 1.3　球坐标系的体积微元

4. 哈密顿算符

在讨论物理学问题时，我们经常会讨论到某种物理量随空间位置的变化[1]，这时我们就会用到**哈密顿算符**[2]。哈密顿算符一般用符号 ∇ 表示，它是一个矢量型算符。根据定义，在直角坐标系中，哈密顿算符被记为

$$\nabla = \left(\frac{\partial}{\partial x}, \frac{\partial}{\partial y}, \frac{\partial}{\partial z} \right) \quad \text{或} \quad \frac{\partial}{\partial x} e_x + \frac{\partial}{\partial y} e_y + \frac{\partial}{\partial z} e_z \tag{1.16}$$

这里的 e_x, e_y, e_z 指的是三个直角坐标方向的单位矢量，又称基矢。从这个定义式中，我们可以很明显地看出哈密顿算符的意义，即物理量在不同方向上随坐标改变的变化率。因此我们可以根据前面对每个方向上无穷小长度的分析直接给出柱坐标系和球坐标系中的哈密顿算符。在柱坐标系中

$$\nabla = e_\rho \frac{\partial}{\partial \rho} + e_\varphi \frac{\partial}{\rho \partial \varphi} + e_z \frac{\partial}{\partial z} \tag{1.17}$$

在球坐标系中

$$\nabla = e_r \frac{\partial}{\partial r} + e_\theta \frac{1}{r} \frac{\partial}{\partial \theta} + e_\varphi \frac{1}{r \sin \theta} \frac{\partial}{\partial \varphi} \tag{1.18}$$

平面直角坐标系是一种固定坐标系，即其基矢是固定的。但并非所有的坐标系都有固定基矢的特征。我们很明显地可以看到，球坐标系中三个坐标的变化方向就是始终变动的，但是其彼此之间的垂直关系一直保持。在进行求导运算时，要注意柱坐标系与球坐标系的基矢本身也随坐标的变化而改变，因而也应被求导。

5. 梯度，散度与旋度

若某个物理量只有大小没有方向，这样的物理量被称为**标量**。当一个标量型的物理量在空间的不同位置处大小不同时，我们可以用这个物理量的**梯度**来表示其在空间不同方向上的变化情况。比如，一座山上不同位置处的温度不同，我们将温度记为 $T(x, y, z)$，则

$$\nabla T(x, y, z) = \frac{\partial T}{\partial x} e_x + \frac{\partial T}{\partial y} e_y + \frac{\partial T}{\partial z} e_z \tag{1.19}$$

---

① 遍布于空间并在空间不同位置处有不同大小的物理对象的基本形态一般被称作"场"，相关的理论被称为场论。场是非常基本的物理学概念，在物理学中有广泛应用。

② 算符，也有人将其称为**算子**，指的是某种数学操作，比如求导操作。符号 ∇ 读作 nabla。

反映了温度在各个方向上随坐标变化的情况。梯度体现了一个物理量在空间中上梯次变化的特征。

有些物理量除了大小还有方向,比如电场强度 E,我们将这种物理量称为**矢量**。对于矢量,我们可以用**散度**和**旋度**描述其在空间中的分布特征。

散度在数学上指的是哈密顿算符与矢量型物理量的点乘,如 $\nabla \cdot E$。散度在物理上体现的是物理量的"源"的特征。数学上有一个高斯定理:某个矢量(如 E)的散度的体积分等于该矢量在该空间表面上的面积分,即[①]

$$\iiint \nabla \cdot E \mathrm{d}V = \oiint E \cdot \mathrm{d}S \tag{1.20}$$

因而,若一个矢量的散度不为零,如

$$\nabla \cdot E = \rho \tag{1.21}$$

则

$$\oiint E \cdot \mathrm{d}S = \iiint \rho \mathrm{d}V \tag{1.22}$$

矢量 E 在表面上的大小取决于 ρ 的分布情况。散度代表的是"源" ρ 导致的物理量 E 向不同方向发散开来的情况。若"无源",即 ρ 等于零,则

$$\oiint E \cdot \mathrm{d}S = 0 \tag{1.23}$$

即在所封闭的表面上没有 E 流出。散度体现的是"源"的分布。

旋度指的是哈密顿算符与矢量的叉乘。根据二维的高斯定理,即斯托克斯定理,一个矢量的旋度,如 $\nabla \times E$,在某个区域上的面积分等于该矢量在围绕该区域的边界上的线积分,即

$$\iint (\nabla \times E) \cdot \mathrm{d}S = \oint E \cdot \mathrm{d}l \tag{1.24}$$

因此,若矢量 E 的旋度 $\nabla \times E$ 不为零,则线积分不为零,这意味着该矢量呈现出一种"绕圈"或"螺旋"的特征。旋度体现的是一个物理量"螺旋"的强度。

---

① 这里为了使初学者看得明白,而特别对三维积分用了三个积分号,二维积分用了两个积分号。这样做毫无必要。以后我们一般只写一个积分号。

6. 拉普拉斯算符

在很多物理问题中,我们都会用到"梯度的散度"这个算符,即 $\nabla \cdot \nabla = \nabla^2$,有时被记作 $\triangle$。这个算符被称为拉普拉斯算符[①]。

直角坐标系是一个基矢固定的坐标系,因而两个算符的点乘可直接得到。直角坐标系中

$$\nabla^2 = \frac{\partial^2}{\partial x^2} + \frac{\partial^2}{\partial y^2} + \frac{\partial^2}{\partial z^2} \tag{1.25}$$

柱坐标系和球坐标系中的情况复杂一些,因为其基矢方向会变化。

我们先看二维球坐标系即极坐标系的情况。极坐标系中有两个基矢,即 e_ρ 与 e_φ。显然,当 ρ 变化时,两个基矢的方向都不会发生变化,用数学的语言写出来就是

$$\frac{\partial e_\rho}{\partial \rho} = 0, \quad \frac{\partial e_\varphi}{\partial \rho} = 0 \tag{1.26}$$

这里使用了偏导数,因为我们需要讨论基矢分别随着不同变量改变的变化。

当 φ 大小变化时,两个基矢都会变化。当 φ 变为 $\varphi + \Delta\varphi$ 时,变化后的径向基矢可用平行四边形法则和弧长公式得到,应为 $e_\rho + \Delta\varphi e_\varphi$。也就是说,基矢 e_ρ 改变了 $\Delta\varphi e_\varphi$ 这么多。类似地,我们也可以用平行四边形法则和弧长公式得出另一个基矢 e_φ 的改变量 Δe_φ 为 $-\Delta\varphi e_\rho$。如图 1.4 所示,由 $\Delta\varphi$ 引起的两个基矢的变化为

$$\Delta e_\rho = \Delta\varphi e_\varphi, \quad \Delta e_\varphi = -\Delta\varphi e_\rho \tag{1.27}$$

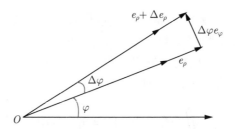

图 1.4 极坐标系中的单位矢量 e_ρ 会随着 φ 的变化而变化。当 φ 改变了 $\Delta\varphi$ 时,e_ρ 变到了 $e_\rho + \Delta e_\rho$。显然这个变化的方向为 e_φ,变化的大小为单位矢量的长度(即 1)乘以变化的角度 $\Delta\varphi$。因此,$\Delta e_\rho = \Delta\varphi e_\varphi$。

---

① 在物理学中,有些符号具有通用性,比如 ∇;而有些符号用得比较少,不应将其视作通用符号,比如拉普拉斯算符 $\triangle$。另外,人们常常用 Δ 代表变化。比如我们在这里将使用 $\Delta\varphi$ 代表 φ 这个变量的变化量。本书中我们一般默认变化量 $\Delta\varphi$ 是个无限小变化量。

在无限小变化下，可写成偏导数形式：

$$\frac{\partial e_\rho}{\partial \varphi} = e_\varphi, \quad \frac{\partial e_\varphi}{\partial \varphi} = -e_\rho \tag{1.28}$$

利用这些基矢随坐标变化的公式，就可以直接计算哈密顿算符的点乘，得到极坐标系中的拉普拉斯算符

$$\begin{aligned}
\nabla^2_{\text{极}} &= \left(e_\rho \frac{\partial}{\partial \rho} + e_\varphi \frac{1}{\rho} \frac{\partial}{\partial \varphi} \right) \cdot \left(e_\rho \frac{\partial}{\partial \rho} + e_\varphi \frac{1}{\rho} \frac{\partial}{\partial \varphi} \right) \\
&= \frac{\partial^2}{\partial \rho^2} + \frac{1}{\rho} \frac{\partial}{\partial \rho} + \frac{1}{\rho^2} \frac{\partial^2}{\partial^2 \varphi} \\
&= \frac{1}{\rho} \frac{\partial}{\partial \rho} \rho \frac{\partial}{\partial \rho} + \frac{1}{\rho^2} \frac{\partial^2}{\partial^2 \varphi}
\end{aligned} \tag{1.29}$$

这里用到了求导的乘积法则（莱布尼茨法则）和基矢的正交归一性，即

$$e_\rho \cdot e_\rho = e_\varphi \cdot e_\varphi = 1, \quad e_\rho \cdot e_\varphi = 0 \tag{1.30}$$

对于柱坐标系来说，由于 z 轴垂直于 ρ 与 φ 的平面，因此彼此没有影响，完全独立。这使得我们可以立即从极坐标的公式得到柱坐标系中的拉普拉斯算符：

$$\nabla^2_{\text{柱}} = \frac{1}{\rho} \frac{\partial}{\partial \rho} \rho \frac{\partial}{\partial \rho} + \frac{1}{\rho^2} \frac{\partial^2}{\partial^2 \varphi} + \frac{\partial^2}{\partial z^2} \tag{1.31}$$

同样的分析方式还可应用于球坐标系。首先，径向部分的变化显然不会引起任何方向的变化，因而

$$\frac{\partial e_r}{\partial r} = 0, \quad \frac{\partial e_\theta}{\partial r} = 0, \quad \frac{\partial e_\varphi}{\partial r} = 0 \tag{1.32}$$

至于 θ 的变化引起的 e_r 与 e_θ 的变化，同极坐标的情况完全一样。又由于 θ 变化的平面始终垂直于 φ 所在的平面，因而不会影响 e_φ。于是我们有

$$\frac{\partial e_r}{\partial \theta} = e_\theta, \quad \frac{\partial e_\theta}{\partial \theta} = -e_r, \quad \frac{\partial e_\varphi}{\partial \theta} = 0 \tag{1.33}$$

最后我们讨论 φ 的变化引起的基矢变动。φ 在固定平面上变动，我们可以把它当作是极坐标的角度。为了分析变化情况，引入这个平面上的"径向"矢量，即引入三维径向矢量在 φ 平面上的投影的单位矢量 $e_\perp$。e_r、

e_θ 与 $e_\perp$ 构成的平面就是 θ 变化的平面。因此，我们可以直接用 e_r 与 e_θ 表示出 $e_\perp$，如图 1.5 所示。

$$e_\perp = \sin\theta e_r + \cos\theta e_\theta \tag{1.34}$$

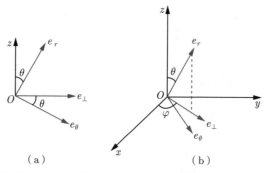

(a)　　　　　　　　　　(b)

图 1.5　图 (a) 为图 (b) 中的一个剖面，即 θ 变化的面。$e_\perp$ 为矢量在 φ 平面上投影的基矢，可用 e_r 与 e_θ 在 $e_\perp$ 上的投影表示出 $e_\perp$。同样地，$e_\perp$ 在 e_r 与 e_φ 方向上的分量分别为 $\sin\theta e_\perp$ 与 $\cos\theta e_\perp$。

有了 $e_\perp$，我们就可以按照极坐标的方式，直接写出 φ 的变化对 e_φ 的影响：

$$\frac{\partial e_\varphi}{\partial \varphi} = -e_\perp = -\sin\theta e_r - \cos\theta e_\theta \tag{1.35}$$

同样地，我们有

$$\frac{\partial e_\perp}{\partial \varphi} = e_\varphi \tag{1.36}$$

而这个变化在 e_r 与 e_θ 方向上的分量就是 φ 的变动对这两个方向的影响。这是因为我们可将 e_r 用 e_z 与 $e_\perp$ 写出，即 $e_r = \sin\theta e_\perp + \cos\theta e_z$，而 z 轴垂直于 φ 的平面，因而 φ 的变化不影响 e_z，故 e_r 随 φ 的变化完全取决于 $e_\perp$ 随 φ 的变化。e_θ 同理。直接写成偏导的形式，有

$$\frac{\partial e_r}{\partial \varphi} = \sin\theta \frac{\partial e_\perp}{\partial \varphi} = \sin\theta e_\varphi, \quad \frac{\partial e_\theta}{\partial \varphi} = \cos\theta \frac{\partial e_\perp}{\partial \varphi} = \cos\theta e_\varphi \tag{1.37}$$

　　既然已经有了所有的单位矢量偏导运算结果，就可以直接计算出球坐标系下的拉普拉斯算符 $\nabla^2_球$：

$$\left(e_r \frac{\partial}{\partial r} + e_\theta \frac{1}{r}\frac{\partial}{\partial \theta} + e_\varphi \frac{1}{r\sin\theta}\frac{\partial}{\partial \varphi} \right) \cdot \left(e_r \frac{\partial}{\partial r} + e_\theta \frac{1}{r}\frac{\partial}{\partial \theta} + e_\varphi \frac{1}{r\sin\theta}\frac{\partial}{\partial \varphi} \right)$$

$$= \frac{\partial^2}{\partial r^2} + \frac{1}{r^2}\frac{\partial^2}{\partial \theta^2} + \frac{1}{r^2\sin^2\theta}\frac{\partial^2}{\partial \varphi^2} + \frac{1}{r}\frac{\partial}{\partial r} + \frac{1}{r}\frac{\partial}{\partial r} + \frac{\cos\theta}{r^2\sin\theta}\frac{\partial}{\partial \theta}$$

$$= \frac{1}{r^2}\frac{\partial}{\partial r}\left(r^2\frac{\partial}{\partial r} \right) + \frac{1}{r^2\sin\theta}\frac{\partial}{\partial \theta}\left(\sin\theta\frac{\partial}{\partial \theta} \right) + \frac{1}{r^2\sin^2\theta}\frac{\partial^2}{\partial \varphi^2} \tag{1.38}$$

为便于记忆，我们把它写成了最后一行中较为紧凑的形式。

本节讨论的这些有关不同坐标系中算符 ∇ 和算符 ∇^2 的运算，以及后面可能用到的算符 ∇ 的梯度、散度与旋度运算，都可以更为一般性地用**正交曲线坐标系理论**中的**拉梅系数**等公式表示出来。但对于初学者来说，一开始先建立一个直观的几何概念更有助于后续的学习。有兴趣的读者可自行进一步学习。

1.2　最小作用量原理与欧拉-拉格朗日方程

牛顿力学形式的公式能够在人类日常生活的尺度上以极高的精确度描述大自然，因而很快被人们所接受。到了 18 世纪的时候，人们发现可以用其他形式的理论体系描述宏观运动。拉格朗日力学就是这样一种力学体系，其出发点为最小作用量原理。

1.2.1　最小作用量原理

人们发现，宏观运动所遵循的物理规律可以通过最小作用量原理得出。

> ❀ **最小作用量原理**：一个物理系统可由主函数（被称为拉格朗日量）$L(q_1,$ $q_2, \cdots, q_s; \dot{q}_1, \dot{q}_2, \cdots, \dot{q}_s; t)$ 描述，其中 q_α 与 $\dot{q}_\alpha$ 分别为广义坐标与广义速度，s 为系统自由度；主函数 L 在时间 $t_初$ 与 $t_末$ 之间的积分 S 被称为作用量，其中 $t_初$ 与 $t_末$ 分别为物理过程的初始时刻和末了时刻；真实的物理过程总是使作用量 S 为最小值。

最小作用量原理使我们可以在拥有拉格朗日量（简称拉氏量）L 的情况下获得描述物理过程的运动方程。至于一个物理系统的拉氏量应该是什么样子的，人们只能根据经验以及一些相当一般性的限制写出来[①]。

根据最小作用量原理的表述，作用量

$$S = \int_{t_初}^{t_末} L(q_1, q_2, \cdots, q_s; \dot{q}_1, \dot{q}_2, \cdots, \dot{q}_s; t) \mathrm{d}t \tag{1.39}$$

对于这样定义的作用量，若 $q_\alpha(t)$ 取不同的函数，则对应的作用量就不同。真实的物理世界具有明显的规律性，因而虽然 $q_\alpha(t)$ 可以有无数种形式，但真实的物理过程总是对应某个特定形式的 $q_\alpha(t)$。最小作用量原理告诉我

[①] 如何写出一个物理系统的拉格朗日量是所有初学者最大的困扰。目前没有什么原理或程序帮我们做这件事。

们, 能使 S 取最小值的 $q_\alpha(t)$ 才是真实的物理。我们想知道的是满足何种限制的 $q_\alpha(t)$ 能使作用量 S 取最小值。

若某一组 $q_\alpha(t)$ 使 S 取得了最小值, 那么对 $q_\alpha(t)$ 的任何变动都会使作用量 S 变大。根据最小作用量原理的这个特点, 我们可以得到描述运动的基本方程, 这个方程被称为欧拉-拉格朗日方程。为了得到运动方程, 我们需要研究当广义坐标 $q_\alpha(t)$ 的函数形式变化时作用量的变化情况, 因而需要用到被称为变分法的数学工具。

1.2.2 变分法

变分法是一种处理极值问题的一般性方法。变分和微分的区别在于, 变分是函数形式的变化, 微分是数的变化。我们使用微分时, 分析的是一个变量的数值变化对函数值的影响。函数 $f(x)$ 的微分 $\mathrm{d}f$ 等于 $f'(x)\mathrm{d}x$, $\mathrm{d}x$ 是变量的数值变化, $\mathrm{d}f$ 是函数值的数值变化。变分则不同, 变分研究的是函数形式的变化。比如一个函数 $F(x(t))$, F 是 x 的函数, 而 x 又是 t 的函数。当 $x(t)$ 的函数形式变化时, F 的变化就是变分法要研究的内容。

这里需要注意的是变分法研究的内容不同于中学时学过的复合函数, 复合函数研究的仍是数的变化对函数值的影响, 只不过函数上多套了一层。再次强调, 变分考虑的问题是 "函数形式" 的变化。所谓的函数形式的变化, 指的是诸如 $x(t)$ 从 t^2 变化到 $\sin t$, 或者从 $(2t-\cos t)$ 变化到 $(t^4-\log t)$ 这种变化。显然, 函数的形式有无数种, 所以一般来说变分处理的是一个 "无穷可能" 的问题。无穷可能当然无法简单直接地处理, 但人们仍可根据一些特定的限制, 利用变分得到有用的结果。

在使用变分时, 我们先了解它的基本运算关系。人们一般用 δ 表示变分, 如 $\delta x(t)$ 就是 $x(t)$ 的变分, 也就是 $x(t)$ 函数形式的变化; 正如人们一般用符号 d 表示微分, 如 $\mathrm{d}x$ 表示的就是 x 的微分。根据最一般性的要求, 变分自然地满足与微分类似的一些计算公式, 如:

$$\delta(A+B) = \delta A + \delta B \tag{1.40}$$

$$\delta(AB) = (\delta A)B + A\delta B \tag{1.41}$$

$$\delta\left(\frac{A}{B}\right) = \frac{(\delta A)B - A\delta B}{B^2} \tag{1.42}$$

一个多变量的函数, 其变分等于其在各个方向上变分的和, 即

$$\delta f = \sum_i \frac{\partial f}{\partial x_i}\delta x_i \tag{1.43}$$

利用这些运算公式，我们就能从最小作用量原理出发，通过变分法得到运动方程。

1.2.3　欧拉-拉格朗日方程

　　根据最小作用量原理，真实的物理过程对应的是使拉氏量取最小值的路径。路径指的是 $q_\alpha(t)$（$\alpha = 1, 2, \cdots, s$，s 为系统自由度）的具体函数形式。所有 $q_\alpha(t)$ 的函数形式都确定以后，我们就有了一条路径，或者说轨道。此时，我们知道物理系统中所有的物体在任意时刻的位置。最小值点是一个稳定点，物理上的稳定点处对应的物理量变化率为零。一个物理量（某个函数）的变化等于变量的变化乘以变化率，因而在稳定点处的任意偏离造成的物理量的变化都应该是零[①]。假定 $q_\alpha(t)$ 就是物理路径，那么对它的任何变动 $\delta q_\alpha(t)$ 都会使作用量的变化 δS 等于零。因而，我们也可以将最小作用量原理表示成一个方程：

$$\delta S = 0 \tag{1.44}$$

这个方程具有极强的一般性，我们甚至可以说，所有的基本物理规律都符合这一方程，而不同物理的区别在于拉氏量的不同。

　　从上面最小作用量原理方程中，我们可以得出一个运动方程。最小作用量原理要求物理规律满足作用量变分为零。对作用量作变分

$$\delta S = \delta \int_{t_{初}}^{t_{末}} L \mathrm{d}t = \int_{t_{初}}^{t_{末}} \sum_{\alpha=1}^{s} \left[\frac{\partial L}{\partial q_\alpha} \delta q_\alpha + \frac{\partial L}{\partial \dot{q}_\alpha} \delta \dot{q}_\alpha \right] \mathrm{d}t \tag{1.45}$$

这里分别有广义坐标和广义速度的变分，不太容易处理。若能将二者合并到一起，似乎就容易了。只需要利用求导的乘积法则，我们就可以做到这点。变分和微分都是普通的线性运算，可交换顺序，即

$$\delta \dot{q}_\alpha = \delta \frac{\mathrm{d}}{\mathrm{d}t} q_\alpha = \frac{\mathrm{d}(\delta q_\alpha)}{\mathrm{d}t} \tag{1.46}$$

这样我们就可以将上面表达式中的第二项利用求导的乘积法则改写为

$$\frac{\partial L}{\partial \dot{q}_\alpha} \delta \dot{q}_\alpha = \frac{\partial L}{\partial \dot{q}_\alpha} \frac{\mathrm{d}(\delta q_\alpha)}{\mathrm{d}t} = \frac{\mathrm{d}}{\mathrm{d}t} \left(\frac{\partial L}{\partial \dot{q}_\alpha} \delta q_\alpha \right) - \frac{\mathrm{d}}{\mathrm{d}t} \left(\frac{\partial L}{\partial \dot{q}_\alpha} \right) \delta q_\alpha \tag{1.47}$$

将改写后的表达式代回 δS 中，则有

　　[①] 稳定点就是一阶导数等于零的极小值点。极大值点对应的一阶导数也为零，但是极大值点可以不是一个稳定点，很小的偏离就可能导致对极大值点的彻底偏离。进一步地，人们通常还根据某个极值是不是最小值点将其分为稳定点和亚稳定点。物理系统总是有向最稳定状态变化的倾向。

$$\delta S = \int_{t_{初}}^{t_{末}} \sum_{\alpha=1}^{s} \left[\frac{\mathrm{d}}{\mathrm{d}t} \left(\frac{\partial L}{\partial \dot{q}_\alpha} \delta q_\alpha \right) + \left(\frac{\partial L}{\partial q_\alpha} - \frac{\mathrm{d}}{\mathrm{d}t} \left(\frac{\partial L}{\partial \dot{q}_\alpha} \right) \right) \delta q_\alpha \right] \mathrm{d}t$$

$$= \sum_{\alpha=1}^{s} \frac{\partial L}{\partial \dot{q}_\alpha} \delta q_\alpha \bigg|_{t_{初}}^{t_{末}} + \int_{t_{初}}^{t_{末}} \sum_{\alpha=1}^{s} \left[\left(\frac{\partial L}{\partial q_\alpha} - \frac{\mathrm{d}}{\mathrm{d}t} \left(\frac{\partial L}{\partial \dot{q}_\alpha} \right) \right) \delta q_\alpha \right] \mathrm{d}t \quad (1.48)$$

其中第一项由于已经被写成了全导数的形式，因而被直接积分出来了。我们所讨论的是在给定初末点位置的情况下的运动规律是什么，因而初末点是确定的，即为一个具体的常数。常数不能变动，或者说变动为零，即

$$\delta q_\alpha \big|_{t_{初}} = \delta q_\alpha \big|_{t_{末}} = 0 \quad (1.49)$$

因而

$$\sum_{\alpha=1}^{s} \frac{\partial L}{\partial \dot{q}_\alpha} \delta q_\alpha \bigg|_{t_{初}}^{t_{末}} = 0 \quad (1.50)$$

若要作用量做变分等于零，则有

$$\delta S = \int_{t_{初}}^{t_{末}} \sum_{\alpha=1}^{s} \left[\left(\frac{\partial L}{\partial q_\alpha} - \frac{\mathrm{d}}{\mathrm{d}t} \left(\frac{\partial L}{\partial \dot{q}_\alpha} \right) \right) \delta q_\alpha \right] \mathrm{d}t = 0 \quad (1.51)$$

其中的 δq_α 代表任意的变动。所以，要想整个表达式在任意的变动下都为零，则必须有

$$\frac{\partial L}{\partial q_\alpha} - \frac{\mathrm{d}}{\mathrm{d}t} \left(\frac{\partial L}{\partial \dot{q}_\alpha} \right) = 0 \quad (1.52)$$

这样就得到了一组（s 个）基本方程，这组方程被称为**欧拉-拉格朗日方程**。基于这一方程的力学体系被称为**拉格朗日力学**。在拉格朗日力学框架下研究问题，就是要求解欧拉-拉格朗日方程，得到广义坐标的具体形式。

1.2.4 拉格朗日量

拉格朗日力学的核心是拉格朗日量。在讨论上面的内容时，我们并没有提到拉氏量怎样写出。拉氏量只能根据经验和猜测写出，这些经验和猜测来自一些一般性的认识和要求。下面，我们通过具体例子来看如何写出一个物理系统的拉氏量。

1. 自由质点的拉氏量

我们先来讨论一个自由的质点的拉氏量应该是什么样子的。自由指的是不受任何外部影响，因而自由质点的运动应该仅考虑一般性的时间与空间性质。

在没有外部影响的情况下，我们相信空间具有**均匀性**且**各向同性**。均匀性指的是在空间中不同位置的物理规律应该都是一样的；各向同性指的是物理规律应该没有方向性，即不存在某一个特殊的方向，在那个方向上物理规律的形式有某种特殊性。除空间的基本性质外，我们还相信，时间也具有均匀性。时间均匀性即物理规律在各个时刻都是一样的，一百年前的物理规律与今天的物理规律没有任何差别。关于时空的这三个要求具有一般性，这些要求帮我们定义了**惯性参考系**，即满足空间均匀性、空间各向同性以及时间均匀性的参考系。

在上述要求下，自由质点的拉氏量的形式受到了强烈的限制。首先，自由质点拉氏量不能是位置与时间的函数，不然在不同位置或不同时刻拉氏量就不一样，因而不具有空间和时间的均匀性。这使得自由质点的拉氏量只能是其速度的函数。但是，速度具有方向性，这将破坏空间各向同性的要求。结合这几点，自由质点的拉氏量只能是速度大小的函数。

若我们把"不同惯性系下的物理规律应该是一样的"当作一个基本要求，则由于物理规律由作用量决定，而作用量是拉氏量的积分，因而两个不同惯性系下的拉氏量要么相同，要么相差一个时间的全导数项。这是因为全导数项可直接积分出来，对作用量的贡献是一个常数，而常数的变分为零，因而不影响运动方程，或者说运动规律。在这种要求下，我们看看自由质点的拉氏量应受到哪些限制。

我们可以用无穷小的方法分析自由质点拉氏量的形式。若有两个惯性系以一个无穷小速度 ε 相对于彼此运动，则在两个惯性系中，某自由质点的拉氏量分别为 $L(v)$ 和 $L(v')$，其中

$$v' = |\boldsymbol{v}'| = |\boldsymbol{v} + \boldsymbol{\varepsilon}| \tag{1.53}$$

由于绝对值运算不太方便做小量展开，因而我们把它写成等价的形式，即平方开根号：

$$v' = \sqrt{\boldsymbol{v}'^2} = \sqrt{(\boldsymbol{v} + \boldsymbol{\varepsilon})^2} = \sqrt{v^2 + 2\boldsymbol{v} \cdot \boldsymbol{\varepsilon} + \boldsymbol{\varepsilon}^2} \tag{1.54}$$

将 v' 按小量 ε 展开，得到

$$v' = v + \frac{\boldsymbol{v} \cdot \boldsymbol{\varepsilon}}{v} + \mathcal{O}(\varepsilon^2) \tag{1.55}$$

由于我们要求两个拉氏量相等或相差一个时间的全导数项，因此，通过将 $L(v')$ 展开的方式比较其与 $L(v)$ 的差别。将

$$L(v') = L\left(v + \frac{\boldsymbol{v} \cdot \boldsymbol{\varepsilon}}{v} + \mathcal{O}(\varepsilon^2)\right) \tag{1.56}$$

在 v 处展开，得到

$$L(v') = L(v) + \frac{\mathrm{d}L(v)}{\mathrm{d}v}\frac{\boldsymbol{v}\cdot\boldsymbol{\varepsilon}}{v} + \mathcal{O}(\varepsilon^2) \tag{1.57}$$

这里的 $\mathcal{O}(\varepsilon^2)$ 项既包括了 v' 展开中的 ε^2 及以上阶的项，也包括了 $L(v')$ 的二阶导数及以上阶的项（也是 ε^2 及以上阶）。在忽略高阶小量的情况下，$L(v')$ 与 $L(v)$ 的差别就是

$$\frac{\mathrm{d}L(v)}{\mathrm{d}v}\frac{\boldsymbol{v}\cdot\boldsymbol{\varepsilon}}{v} \tag{1.58}$$

速度 $\boldsymbol{v}$ 本身就是位矢 $\boldsymbol{r}$ 对时间的全导数项 $\mathrm{d}\boldsymbol{r}/\mathrm{d}t$，而 $\boldsymbol{\varepsilon}$ 为任意的无限小常数。因而，若该项整体为时间的全导数项，则 $\boldsymbol{v}\cdot\boldsymbol{\varepsilon}$ 的系数（v 的函数）只能为常数，即

$$\frac{1}{v}\frac{\mathrm{d}L(v)}{\mathrm{d}v} = 2\frac{\mathrm{d}L(v)}{\mathrm{d}v^2} = 常数 \tag{1.59}$$

这告诉我们，L 是 v^2 的线性函数。将上式中的常数记为 m，则 L 可被写作

$$L = \frac{1}{2}mv^2 \tag{1.60}$$

待定常数 m 应该取决于所讨论的自由质点本身的性质。

由于我们已经熟知牛顿力学，一眼就看出这就是牛顿力学中的自由质点动能，m 就是自由质点的质量。但是在上面的推导中，我们并未讨论 m 的意义。在拉格朗日力学中，m 只是一个应该取决于质点本身性质的待定常数，其物理意义将通过与具体的实验比对定出。从这里我们可以看出拉格朗日力学的特点，它从抽象的概念出发，得到特定的物理内容，这些物理内容的具体含义将在与实验对比时变得明晰。事实上，物理学理论或科学理论大多如此，即从一个理论出发，得到某些内容，通过实验，明白得到的这些内容的含义。一些物理学理论，如牛顿力学，其用以构建理论本身的概念或名词具有日常生活气息，比如"力"，所以我们很容易理解它。然而我们并不应该预先假定我们已知道了某些物理量，如 m 的意义。物理量的意义是在与实验比对过程中确定下来的，物理理论本身并不一定总需要用实验上含义清楚的物理量来构建。

最后，由于我们总是要选择坐标系来讨论问题，根据不同坐标系中长度微元的形式，可以分别写出不同坐标系中的速度公式，从中可得到自由

质点拉氏量在不同坐标系下的具体形式:

$$\left. \begin{array}{ll} \dfrac{1}{2}m(\dot{x}^2 + \dot{y}^2 + \dot{z}^2) & （直角坐标系）\\[2ex] \dfrac{1}{2}m(\dot{\rho}^2 + \rho^2\dot{\varphi}^2 + \dot{z}^2) & （柱坐标系）\\[2ex] \dfrac{1}{2}m(\dot{r}^2 + r^2\dot{\theta}^2 + r^2\sin^2\theta\dot{\varphi}^2) & （球坐标系） \end{array} \right\} \tag{1.61}$$

2. 自由质点的运动方程

有了自由质点的拉氏量,再来看看自由质点的运动方程,即欧拉-拉格朗日方程。由于自由质点拉氏量仅是速度大小的函数,因而由

$$\frac{\partial L}{\partial \boldsymbol{r}} - \frac{\mathrm{d}}{\mathrm{d}t}\frac{\partial L}{\partial \dot{\boldsymbol{r}}} = 0 \tag{1.62}$$

得到

$$\frac{\mathrm{d}}{\mathrm{d}t}\frac{\partial L}{\partial \boldsymbol{v}} = 0 \tag{1.63}$$

这意味着

$$\frac{\partial L}{\partial \boldsymbol{v}} = m\boldsymbol{v} = 常数矢量 \tag{1.64}$$

某个物理量等于常数,即为守恒的意思。式 (1.64) 对应的是我们熟悉的动量守恒定律。动量守恒时,自由质点将保持匀速直线运动。这正是牛顿第一定律,即惯性定律。

从这里的推导可以看出,惯性定律的存在是因为拉氏量中不显含位矢这一变量,因而拉氏量对位矢求导等于零,使得我们可以从运动方程中得到一个守恒量。这一特点具有一般性。一般的情况下,我们用广义坐标来描述一个物理系统,若某个广义坐标没有显式地出现在拉氏量中,则拉氏量对该坐标求偏导数应为零,我们将自然地得到一个守恒量。即,若拉氏量中不显含广义坐标 q_α,则由于

$$\frac{\partial L}{\partial q_\alpha} = 0 \tag{1.65}$$

利用运动方程可得

$$\frac{\mathrm{d}}{\mathrm{d}t}\frac{\partial L}{\partial \dot{q}_\alpha} = 0 \tag{1.66}$$

即

$$\frac{\partial L}{\partial \dot{q}_\alpha} = 常数 \tag{1.67}$$

即存在守恒量。引入符号

$$p_\alpha \equiv \frac{\partial L}{\partial \dot{q}_\alpha} \tag{1.68}$$

将 p_α 称为**广义动量**。p_α 为常数，即广义动量守恒。

像 q_α 这样不显式出现在拉氏量中的广义坐标被称为**循环坐标**。若一个力学系统中存在循环坐标，则对应的广义动量总为常数，即广义动量为守恒量。因此，在为物理系统选择广义坐标时，我们常常希望能有更多的循环坐标，以便获得更多的守恒量来使计算变得简单。

3. 保守力场中的质点

若所讨论的不是自由质点，而是还受到外力影响的质点，则我们应该在拉氏量中加入这些影响的项。

一般来说，一个质点受到的力可能与其位置有关（如重力），也可能与其速度有关（如摩擦力）。各种各样的力或者说相互作用中，有一类特殊且重要的，即只与位置有关的力，这种力被称为保守力[①]。今天人们相信，大自然中的基本相互作用都是保守力。如万有引力或电磁力，都是只与位置有关的力，即保守力。诸如摩擦力这样的力，不仅与位置有关还与速度有关，统一被称为非保守力，它们不具有基本性。比如飞机飞行过程中会有空气的摩擦力存在。空气摩擦力不具有基本性，因为我们知道空气摩擦力是微观上空气分子撞击飞机形成的宏观效应。

如果一个质点仅受保守力影响，我们可以在自由质点拉氏量的基础上添上这样的一项，使之变为

$$L = \frac{m}{2}v^2 - U(\boldsymbol{r}) \tag{1.69}$$

相应的运动方程为

$$\frac{\partial L}{\partial \boldsymbol{r}} - \frac{\mathrm{d}}{\mathrm{d}t}\frac{\partial L}{\partial \dot{\boldsymbol{r}}} = 0 \tag{1.70}$$

即

$$\frac{\mathrm{d}U(\boldsymbol{r})}{\mathrm{d}\boldsymbol{r}} + m\dot{\boldsymbol{v}} = 0 \tag{1.71}$$

---

① 根据经验，我们很容易明白，起这样名字的原因在于，这类力主导的运动中总有不变量或者说守恒量存在，所以将其称为保守力。"保守"即"保有""守住"的意思，也就是守恒。

由于 $U(\boldsymbol{r})$ 只是位矢的函数，因而式 (1.71) 中表示的是位矢的导数而不是偏导数。我们也可以将这个方程改写成

$$m\ddot{\boldsymbol{r}} = -\frac{\mathrm{d}U(\boldsymbol{r})}{\mathrm{d}\boldsymbol{r}} \equiv \boldsymbol{F}(\boldsymbol{r}) \tag{1.72}$$

将这里定义的 $\boldsymbol{F}(\boldsymbol{r})$ 称为"力"。

在拉格朗日力学中，我们并不是非得写出"力"的形式 $\boldsymbol{F}(\boldsymbol{r})$。直接用运动方程求解问题就可以。之所以写成"力"的形式，是使读者有一个更直观的感受：这里推出的就是牛顿第二定律。牛顿力学与拉格朗日力学完全是等价的，都使用相同的方程，只是出发点不同。牛顿力学从直观物理量构成的经验方程出发，而拉格朗日力学把拉氏量和最小作用量原理当作理论的起点。

对于非保守力，我们也可以在拉氏量中加上相应的项。拉格朗日力学为我们设定了一套构建理论的模式，不同的理论的区别就在于拉氏量。万有引力和电磁力的区别在于，代表二者的 $U(\boldsymbol{r})$ 是不同的。$U(\boldsymbol{r})$ 正是我们真正关注的，它代表着不同的相互作用。

4. 定域相互作用的观念

若我们将 $\boldsymbol{r}$ 视作一个物体所在空间的位置矢量，并用其来代表物体，则 $U(\boldsymbol{r})$ 代表该物体在 $\boldsymbol{r}$ 处受到的影响。我们把这种影响或者说相互作用称为定域或局域相互作用。一个物体只受它所在的位置处的某种力量（$U(\boldsymbol{r})$）的影响，这种表述方式具有逻辑上的合理性，规避了使用力这个概念时常有的超距作用的观念。

至于 $U(\boldsymbol{r})$ 是哪来的，则需要其他理论来回答。比如在电磁理论中，我们使用电场的概念来代替库仑力的概念，这规避了库仑力的超距作用观念。那么电场是哪来的呢？电磁理论的回答是，电荷产生了电场，而电场对于置于其中的其他带电物体有定域（即在该物体所在处）的影响或者说相互作用。电磁理论中的 $U(\boldsymbol{r})$ 就是电荷产生的。场（如电场）是由源（如电荷）产生的，而场起作用需要传播时间（如真空中的电场以光速传播）。

我们可以将其他理论下研究清楚的 $U(\boldsymbol{r})$ 代入欧拉-拉格朗日方程中，研究物体在这种 $U(\boldsymbol{r})$ 下的运动问题[①]。也可以利用拉格朗日力学的语言来表述相互作用（动力学）本身。这样使用拉格朗日力学较为成功的例子是场论，即将场本身当作广义坐标的理论。在用拉格朗日力学描述相互作

---

① 关于物体在运动方程的控制下运动的问题一般被称为运动学，而关于 $U(\boldsymbol{r})$ 是什么的问题常常被称为动力学。

用时，也可将其他的对象视作广义坐标来研究相应的理论。比如，若我们将弦视作构成世界的基本对象，并写出相应的理论（即拉氏量），则我们就是要研究弦论[①]。

我们将在狭义相对论的有关章节中有限度地讨论基于定域相互作用观念的场论，以便展示如何应用拉格朗日力学构建动力学理论。这里及之后的大部分内容将只处理有关运动学的问题。

5. 质点系的拉氏量

我们在实际的物理学中研究的通常不是单个质点的问题，而是由质点所组成的物理系统的问题，因而我们需要搞清楚质点系的拉氏量应该是什么样子的。

我们首先讨论自由质点系，即彼此没有相互作用也不受外界相互作用的质点构成的物理系统。由于这样的质点彼此孤立，我们可以很合理地假定拉氏量应具有**可加性**，也就是说，系统总的拉氏量应等于不同部分拉氏量的和。因此，若一个系统有 n 个自由质点的话，我们可以将其拉氏量写为

$$L = \sum_{a=1}^{n} \frac{1}{2} m_a v_a^2 \tag{1.73}$$

在有相互作用的情况下，我们再将它们的相互作用加入进去。若只考虑保守力，则质点系的拉氏量可以一般性地写为

$$L = \sum_{a=1}^{n} \frac{1}{2} m_a v_a^2 - U(\boldsymbol{r}_1, \boldsymbol{r}_2, \cdots, \boldsymbol{r}_n) \tag{1.74}$$

其中 $U(\boldsymbol{r}_1, \boldsymbol{r}_2, \cdots, \boldsymbol{r}_n)$ 中既包含外界对所有质点的作用，也包括所有质点彼此之间的相互作用。同样地，$U(\boldsymbol{r}_1, \boldsymbol{r}_2, \cdots, \boldsymbol{r}_n)$ 并不是我们所讨论的拉格朗日力学框架内的信息。我们将 $U(\boldsymbol{r}_1, \boldsymbol{r}_2, \cdots, \boldsymbol{r}_n)$ 称为"势能"。显然，这里借用了牛顿力学中已经熟知的概念。在不那么严谨的情况下，我们可以将拉氏量说成是动能项减去势能项。严谨一点的话，需要装作我们并不知道动能和势能的概念，只是按一些一般性的要求猜想出所讨论问题的拉氏量。

1.2.5　拉格朗日力学的应用流程

本节的最后，我们总结一下拉格朗日力学处理问题的一般流程。拉格朗日力学提供了一套标准化处理力学问题的方法，它的流程可以归结如下：

[①] 一种可能的基础物理理论候选者。

（1）对所讨论的物理系统选择合适的广义坐标；

（2）根据经验或猜测写出所讨论物理系统的拉氏量；

（3）将拉氏量代入欧拉-拉格朗日方程中得到具体的运动方程；

（4）求解运动方程，即解出作为时间函数的广义坐标的函数形式；

（5）利用广义坐标得到感兴趣的所有其他物理量，如广义速度、广义动量、系统能量、周期等。

这里特别要强调的是第（2）步，即写出拉氏量。我们需要明白的是，拉氏量本身只能根据经验和猜测写出，而不是按照特定的步骤或者原理。我们要"猜"出拉氏量，特别是其中代表着相互作用的部分。那么，猜出的拉氏量是否是正确的拉氏量呢？这就要靠后面的计算，把所讨论的问题中能计算出来的物理量都计算出来，然后跟实验做对比，若符合实验，则我们构建的理论（即拉氏量）是正确的；若没得到正确的结果，我们就得想想是否有什么没有考虑到或考虑错了的因素。

1.3　对称性与守恒量

在前面的讨论中，我们依靠对空间和时间的一般性假设得出了自由质点的拉氏量，从这里可以看出对称性的强大。对称性就是变换下的不变性，它体现的是大自然的基本结构。以今天人们对物理学的理解，对称性在构建基础理论的过程中应扮演基本原理的角色。今天的人们总是假定大自然具有某种对称性，然后根据这种对称性的要求得出相应的相互作用理论，再通过理论与实验的对比判断理论是否正确。因而，对称性极为重要。

关于对称性，有一个重要的数学定理，即诺特定理。诺特定理将对称性与守恒量联系了起来。人们发现，大自然中的每一种连续对称性，都对应着某个物理上的守恒量。在本节中，我们将通过具体的例子展示有关时空的基本对称性与重要的物理守恒量之间的内在联系，并一般性地讨论诺特定理。

1.3.1　时间平移不变性与能量守恒

时间平移不变性或者说时间均匀性指的是当我们对时间作平移变换时物理规律保持不变。人们相信，过去的、现在的以及将来的物理规律都应该是一样的，物理规律不会随着时间的流逝而发生变化。当然，并没有什么原理或证明来保证这种不变性。但是日常的生活经验和大量的科学实验使我们相信物理规律，或者更一般的科学规律，应该具有这样的性质。

对于力学系统来说，如果这个世界具有时间平移不变性，那么我们将拥有一个守恒量,这个守恒量就是系统的能量。下面我们用拉格朗日力学的语言来证明这一论断。

对于拉格朗日力学来说,如果力学规律具有时间平移不变性,拉格朗日量($L(q_\alpha, \dot{q}_\alpha, t), \alpha = 1, 2, \cdots, s$)就不应该是时间的显函数,即

$$\frac{\partial L}{\partial t} = 0 \tag{1.75}$$

否则,物理规律(取决于拉氏量 L)就随着时间会发生变化。在这个条件下,我们讨论这里的守恒量。守恒量指的是不随时间变化,即对时间求全导数为零的物理量。我们从拉氏量对时间的全导数出发讨论守恒量。

由于拉氏量不只是时间的函数,还是广义坐标和广义速度的函数,因此我们在讨论拉氏量随时间的变化,即求拉氏量对时间的全导数时,必须用到广义坐标和广义速度对时间的导数:

$$\frac{\mathrm{d}L}{\mathrm{d}t} = \sum_{\alpha=1}^{s} \left(\frac{\partial L}{\partial q_\alpha} \frac{\mathrm{d}q_\alpha}{\mathrm{d}t} + \frac{\partial L}{\partial \dot{q}_\alpha} \frac{\mathrm{d}\dot{q}_\alpha}{\mathrm{d}t} \right) + \frac{\partial L}{\partial t} \tag{1.76}$$

式 (1.76) 中最后一项为零,可去掉。再根据欧拉-拉格朗日方程有

$$\frac{\partial L}{\partial q_\alpha} = \frac{\mathrm{d}}{\mathrm{d}t} \left(\frac{\partial L}{\partial \dot{q}_\alpha} \right) \tag{1.77}$$

因此

$$\frac{\mathrm{d}L}{\mathrm{d}t} = \sum_{\alpha=1}^{s} \left(\frac{\mathrm{d}}{\mathrm{d}t} \left(\frac{\partial L}{\partial \dot{q}_\alpha} \right) \dot{q}_\alpha + \frac{\partial L}{\partial \dot{q}_\alpha} \frac{\mathrm{d}\dot{q}_\alpha}{\mathrm{d}t} \right) \tag{1.78}$$

式 (1.78) 的右侧可根据求导的乘积法则合并为一项。因而

$$\frac{\mathrm{d}L}{\mathrm{d}t} = \sum_{\alpha=1}^{s} \frac{\mathrm{d}}{\mathrm{d}t} \left(\frac{\partial L}{\partial \dot{q}_\alpha} \dot{q}_\alpha \right) = \frac{\mathrm{d}}{\mathrm{d}t} \sum_{\alpha=1}^{s} \left(\frac{\partial L}{\partial \dot{q}_\alpha} \dot{q}_\alpha \right) \tag{1.79}$$

再将左右两侧的项移动到同一侧,可得

$$\frac{\mathrm{d}}{\mathrm{d}t} \left[\sum_{\alpha=1}^{s} \left(\frac{\partial L}{\partial \dot{q}_\alpha} \dot{q}_\alpha \right) - L \right] = 0 \tag{1.80}$$

引入新的符号

$$E = \sum_{\alpha=1}^{s} \left(\frac{\partial L}{\partial \dot{q}_\alpha} \dot{q}_\alpha \right) - L \tag{1.81}$$

则有

$$\frac{\mathrm{d}E}{\mathrm{d}t} = 0 \tag{1.82}$$

这表明 E 不随时间变化，即 E 是系统的守恒量。

对于一般的力学系统，E 就是系统的能量。例如在外场 $U(\boldsymbol{r})$ 中运动的质量为 m 的质点，守恒量

$$
\begin{aligned}
E &= \frac{\partial L(\boldsymbol{r}, \boldsymbol{v})}{\partial \boldsymbol{v}} \cdot \boldsymbol{v} - L \\
&= mv^2 - \left(\frac{1}{2}mv^2 - U(\boldsymbol{r}) \right) \\
&= \frac{1}{2}mv^2 + U(\boldsymbol{r})
\end{aligned} \tag{1.83}
$$

正是我们熟知的动能与势能之和等于总能量（机械能）的形式。因此我们说，**能量守恒是时间平移不变性的结果**。

1.3.2　空间平移不变性与动量守恒

类似地，我们还将发现，空间平移不变性与动量守恒有着内在联系。空间平移不变性或者说空间均匀性指的是当我们对空间作平移变换时物理规律保持不变的特性。虽然我们无法从理论上证明，但是我们相信在北京发现的物理规律同在纽约发现的物理规律应该完全一样，在地球发现的物理规律应该与在火星发现的物理规律一样。我们相信这个世界具有空间平移不变性。

在我们生活的三维世界，某个封闭系统（不显含时间）的拉氏量可以写为 $L(\boldsymbol{r}_1, \cdots, \boldsymbol{r}_n; \dot{\boldsymbol{r}}_1, \cdots, \dot{\boldsymbol{r}}_n)$，简记为 $L(\boldsymbol{r}_a, \dot{\boldsymbol{r}}_a)$。若我们假定空间具有平移不变性，则在空间平移变换下，系统拉氏量应保持不变。

我们用无穷小平移讨论空间平移不变性。有限大小的空间平移可以用很多个无穷小平移累加起来，因此若物理规律具有无限小平移不变性，则也具有任意大小的平移不变性。对整个空间作无穷小平移变换（平移 $\boldsymbol{\varepsilon}$，$\boldsymbol{\varepsilon}$ 为任意无穷小常矢量）意味着问题中涉及的所有位置矢量都平移了 $\boldsymbol{\varepsilon}$，即

$$\boldsymbol{r}_a \to \boldsymbol{r}_a + \boldsymbol{\varepsilon}, \quad a = 1, 2, \cdots, n \tag{1.84}$$

在这个变换下，$\dot{\boldsymbol{r}}_a$ 保持不变，因而拉氏量的变化都是由 $\boldsymbol{r}_a$ 的变化引起的。将变换后的拉氏量 $L(\boldsymbol{r}_a + \boldsymbol{\varepsilon}, \dot{\boldsymbol{r}}_a)$ 按无穷小量 $\boldsymbol{\varepsilon}$ 展开：

$$L(\boldsymbol{r}_a + \boldsymbol{\varepsilon}, \dot{\boldsymbol{r}}_a) = L(\boldsymbol{r}_a, \dot{\boldsymbol{r}}_a) + \sum_a \frac{\partial L}{\partial \boldsymbol{r}_a} \cdot \boldsymbol{\varepsilon} + \mathcal{O}(\boldsymbol{\varepsilon}^2) \tag{1.85}$$

忽略高阶小量，变换前后的拉氏量之差为

$$\Delta L = \sum_a \frac{\partial L}{\partial \boldsymbol{r}_a} \cdot \boldsymbol{\varepsilon} \tag{1.86}$$

若这个世界具有空间平移不变性，则 $\Delta L = 0$。由于 $\boldsymbol{\varepsilon}$ 为任意无穷小常矢量，因而

$$\sum_a \frac{\partial L}{\partial \boldsymbol{r}_a} = 0 \tag{1.87}$$

将这个条件代入运动方程，可得

$$\sum_a \frac{\mathrm{d}}{\mathrm{d}t} \frac{\partial L}{\partial \dot{\boldsymbol{r}}_a} = \frac{\mathrm{d}}{\mathrm{d}t} \sum_a \frac{\partial L}{\partial \dot{\boldsymbol{r}}_a} = \sum_a \frac{\partial L}{\partial \boldsymbol{r}_a} = 0 \tag{1.88}$$

于是，我们自然得到了一个守恒量

$$\boldsymbol{P} = \sum_a \frac{\partial L}{\partial \dot{\boldsymbol{r}}_a} \tag{1.89}$$

这个守恒量被称为系统动量。按定义

$$\boldsymbol{p}_a = \frac{\partial L}{\partial \dot{\boldsymbol{r}}_a} \tag{1.90}$$

为第 a 个质点的动量，则系统动量

$$\boldsymbol{P} = \sum_a \boldsymbol{p}_a \tag{1.91}$$

显然，动量具有可加性。

由于动量是一个多分量物理量，其守恒性代表的是每个分量分别守恒。也就是说，只要空间的某个维度具有平移不变性，那么我们就会得到相应维度的守恒动量，而其他维度上则不必具有平移不变性和动量守恒。

若我们讨论的是保守力作用下的质点，则

$$\boldsymbol{p}_a = m\boldsymbol{v}_a \tag{1.92}$$

这是我们在牛顿力学中熟悉的动量形式。注意，在拉格朗日力学中，动量并不是一个基本变量，它是从拉氏量中得到的。

更一般地,若用广义坐标来讨论问题,那么可以用相应的广义动量定义:

$$p_\alpha = \frac{\partial L}{\partial \dot{q}_\alpha} \tag{1.93}$$

若拉氏量在广义坐标平移下保持不变,则相应的广义动量就是守恒量。

需要说明的是,讨论时用到的是无穷小变换,但得到的结论适用于有限的连续变换。连续变换都可以有无穷小变换,这也是连续变换被称为"连续"的原因。因此,我们用无穷小变换讨论后得到的结果具有一般性。

1.3.3 能量、动量与作用量

在拉格朗日力学中,我们把拉氏量作为出发点,写出一个理论的拉氏量,代入运动方程进行求解,就可以对实验结果进行预言。但是不能忘记的是,作用量具有更为基础性的地位。我们正是从作用量出发,才得到了运动方程。在有些情况下,直接使用拉氏量不是很方便,因为它不能很好地体现体系的对称性(我们将在狭义相对论的有关讨论中看到相关内容)。这使得我们可能会直接使用作用量本身来讨论其与能量和动量的关系,在这里我们讨论这个问题。

在使用最小作用量原理时,我们对作用量做变分,得到

$$\delta S = \sum_\alpha \frac{\partial L}{\partial \dot{q}_\alpha} \delta q_\alpha \bigg|_{t_{初}}^{t_{末}} + \int_{t_{初}}^{t_{末}} \sum_\alpha \left(\frac{\partial L}{\partial q_\alpha} - \frac{\mathrm{d}}{\mathrm{d}t} \frac{\partial L}{\partial \dot{q}_\alpha} \right) \delta q_\alpha \mathrm{d}t \tag{1.94}$$

利用这个表达式,我们直接讨论作用量满足的关系。真实的物理过程应该满足运动方程,因而式 (1.94) 中积分的部分为零。若讨论的是一个初始状态确定、末了状态未知的真实物理过程,则有

$$\delta S = \sum_\alpha \frac{\partial L}{\partial \dot{q}_\alpha} \delta q_\alpha(t_{末}) \tag{1.95}$$

这里根据初始条件扔弃了 $\delta q_\alpha(t_{初})$ 项。根据定义,$\partial L / \partial \dot{q}_\alpha$ 就是广义动量 p_α。简便起见,将 $\delta q_\alpha(t_{末})$ 记为 δq_α,则

$$\delta S = \sum_\alpha p_\alpha \delta q_\alpha \tag{1.96}$$

这个表达式告诉我们,在这种情况下作用量 S 是广义坐标 q_α 的函数。因而,自然有

$$\delta S = \sum_{\alpha} \frac{\partial S}{\partial q_{\alpha}} \delta q_{\alpha} \tag{1.97}$$

在这个意义下，比较式 (1.96) 和式 (1.97)，得到

$$\frac{\partial S}{\partial q_{\alpha}} = p_{\alpha} \tag{1.98}$$

若讨论的是普通的三维空间中的物理系统，则有

$$\frac{\partial S}{\partial \boldsymbol{r}} = \boldsymbol{p} \tag{1.99}$$

同样地，在这个意义下，我们讨论的是末了状态（位置与时间）未定的真实物理过程，也应将作用量看作时间 t 的函数。由作用量的定义式有

$$\frac{\mathrm{d}S}{\mathrm{d}t} = L \tag{1.100}$$

作为位置与时间函数的作用量的全导数可以写为

$$\frac{\mathrm{d}S}{\mathrm{d}t} = \frac{\partial S}{\partial t} + \sum_{\alpha} \frac{\partial S}{\partial q_{\alpha}} \frac{\mathrm{d}q_{\alpha}}{\mathrm{d}t} \tag{1.101}$$

将式 (1.98) 的动量与作用量关系代入，有

$$\frac{\mathrm{d}S}{\mathrm{d}t} = \frac{\partial S}{\partial t} + \sum_{\alpha} p_{\alpha} \dot{q}_{\alpha} = L \tag{1.102}$$

因而得到

$$\frac{\partial S}{\partial t} = L - \sum_{\alpha} p_{\alpha} \dot{q}_{\alpha} \tag{1.103}$$

右边的表达式可替换为我们讨论时间平移不变性时得到的能量定义式，即

$$\frac{\partial S}{\partial t} = -E \tag{1.104}$$

式（1.98）与式（1.104）是作用量与动量和能量的关系式，我们将在狭义相对论的讨论中使用这两个关系式。

1.3.4 空间转动不变性与角动量守恒

上面我们提到，若讨论的是广义坐标的平移不变性，则有相应的广义动量的守恒。在力学中，我们常常讨论的一类问题是转动问题，在这类问题里通常选用的广义坐标是角度。当所讨论的物理系统在角度的平移变换下具有不变性时，我们将会得到**角动量**守恒。在这里，我们不用广义坐标的方式来讨论，而是直接从空间转动出发讨论这个问题。

1. 空间各向同性

我们可以很合理地假定，世界具有空间转动不变性，或者说空间各向同性。空间各向同性指的是当我们面向各个不同方向时，不会找到一个特殊的方向，物理规律在那个特殊的方向上与众不同。这是一个看起来很合理的假定，我们望向宇宙空间时，的确不会觉得有哪个方向更特殊。例如，既不会觉得天狼星的方向更特殊，也不会觉得猎户座大星云的方向更特殊。我们没有理由觉得存在一个物理规律与众不同的方向。

但在我们日常生活的世界里，总是存在着使物理规律不同的方向。我们分不清前后左右的本质区别，相信这几个方向上物理规律都是一样的。然而，我们能够感受到上下的区别，知道天与地的不同。头顶与脚下的区别体现的就是空间各向同性的破缺。这种对称性破缺的起源是重力场的存在。一旦乘坐飞船进入太空，人就会处于失重的状态，若将窗户都关上，宇航员就会分不清上下左右前后，对宇航员来说，空间各向同性似乎又恢复了。我们可合理地假定，若将引力场去掉，比如进入宇宙空间，就会有空间上的各向同性。

然而，我们的确总是能感受到类似于地球这样的引力源对空间各向同性的破缺。即便离开地球，我们也会感受到太阳的存在。太阳同样定义了特殊方向，即指向太阳的方向，这使我们仍不能拥有空间各向同性。远离太阳系，进入更广阔的宇宙空间，我们还是无法感受到空间各向同性，因为银河系也有中心。那么，在最广阔的宇宙尺度上，是否还存在着使空间各向同性破缺的"源"呢？今天我们认为没有。以后我们的看法会不会改变？今天我们无法预测。

总之，在不太大的尺度上，比如地球范围内或太阳系内，根据我们对引力的了解，摒除了引力的效应后，我们就有了空间各向同性。根据这些经验，我们相信在更大的宇宙尺度上，空间也具有各向同性的特征。

2. 转动与角速度的描述

在假定了空间各向同性存在的情况下，我们来讨论其对应的守恒量。空间各向同性指的是空间具有转动不变性，首先讨论对转动的描述。

不论多么复杂的转动,本质上都是绕某一根轴(**转动轴**)转过一定角度(**转动角**),复杂的转动无非是这根轴本身也在发生变动。转动轴和转动角定义了转动。表面上看,转动既有大小又有方向,大小就是转动角,方向可以是转动轴的指向,似乎是一个矢量,但实际上并非如此。矢量在加法上满足交换律,即平行四边形法则。转动并不总满足平行四边形法则。根据交换律的要求,可以说

❀ 无限小转动是矢量,而有限转动不是矢量。

我们可以很直观地看到有限转动不满足交换律。你可以拿起一个物体(有大小形状的),让它绕着 x 轴(你可随意指定,比如令某条沿墙根的线为 x 轴)先转动 $90°$,再绕着 y 轴转 $90°$,记下你所看到的结果;回到转动前的状态,这次先让它绕着 y 轴转 $90°$,然后让它绕着 x 轴转动 $90°$。你会发现,交换了转动顺序后,你所看到的结果是不同的。有限大小的转动不满足交换律,它不是一个矢量。

对于无限小转动,由于我们不方便“物理地”演示无限小转动,因而需借用数学工具。为了搞清它的性质,需要把无限小转动同我们已经熟知的物理量联系起来[①]。我们已经很熟悉位置矢量的描述,因此可以用它来讨论转动。

如图 1.6 所示,假定我们讨论的是一个质点绕着转动轴转过无限小角度 $d\varphi$,转动使得位矢由 r 变到了 $r+dr$。在无穷小变化的情况下,可以根据几何学知识很容易写出位矢变化的大小:

$$|d\boldsymbol{r}| = |\boldsymbol{r}|\sin\theta d\varphi = r\sin\theta d\varphi \tag{1.105}$$

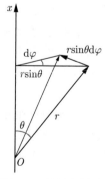

图 1.6   无限小转动

---

① 在学习物理以及任何科学时,总是把我们不熟悉的同已经充分了解的联系起来,以便获得更多知识。

若将这个无限小转动用矢量符号记作 $\mathrm{d}\boldsymbol{\varphi}$（方向定义为转动轴的方向），$\theta$ 就是 $\boldsymbol{r}$ 与 $\mathrm{d}\boldsymbol{\varphi}$ 之间的夹角，则式 (1.105) 可表示为数学上矢量的叉乘，即

$$\mathrm{d}\boldsymbol{r} = \mathrm{d}\boldsymbol{\varphi} \times \boldsymbol{r} \tag{1.106}$$

有了具体的关系，我们可以证明 $\mathrm{d}\boldsymbol{\varphi}$ 满足交换律。假定有两个无限小转动分别为 $\mathrm{d}\boldsymbol{\varphi}_1$ 和 $\mathrm{d}\boldsymbol{\varphi}_2$。完成转动 1，位矢由 $\boldsymbol{r}$ 变成了 $(\boldsymbol{r} + \mathrm{d}\boldsymbol{\varphi}_1 \times \boldsymbol{r})$；再进行转动 2，第 2 次转动的变化量为

$$\mathrm{d}\boldsymbol{\varphi}_2 \times (\boldsymbol{r} + \mathrm{d}\boldsymbol{\varphi}_1 \times \boldsymbol{r}) = \mathrm{d}\boldsymbol{\varphi}_2 \times \boldsymbol{r} + \mathrm{d}\boldsymbol{\varphi}_2 \times (\mathrm{d}\boldsymbol{\varphi}_1 \times \boldsymbol{r}) \tag{1.107}$$

按先 1 后 2 的顺序，转动两次后位矢总的变化量为

$$\mathrm{d}\boldsymbol{\varphi}_1 \times \boldsymbol{r} + \mathrm{d}\boldsymbol{\varphi}_2 \times \boldsymbol{r} + \mathrm{d}\boldsymbol{\varphi}_2 \times (\mathrm{d}\boldsymbol{\varphi}_1 \times \boldsymbol{r}) \tag{1.108}$$

同理，若按先 2 后 1 的顺序转动，则位矢总的变化量为

$$\mathrm{d}\boldsymbol{\varphi}_2 \times \boldsymbol{r} + \mathrm{d}\boldsymbol{\varphi}_1 \times \boldsymbol{r} + \mathrm{d}\boldsymbol{\varphi}_1 \times (\mathrm{d}\boldsymbol{\varphi}_2 \times \boldsymbol{r}) \tag{1.109}$$

由于加法满足交换律，所以

$$\mathrm{d}\boldsymbol{\varphi}_1 \times \boldsymbol{r} + \mathrm{d}\boldsymbol{\varphi}_2 \times \boldsymbol{r} = \mathrm{d}\boldsymbol{\varphi}_2 \times \boldsymbol{r} + \mathrm{d}\boldsymbol{\varphi}_1 \times \boldsymbol{r} \tag{1.110}$$

很显然，两种不同顺序带来的位矢变化的差别在第三项上。由于我们所讨论的是无穷小的情况，而第三项是二阶小量，相比于身为一阶无穷小量的前两项可以忽略不计。丢掉第三项后，两次不同顺序转动造成的位矢变化是一样的。因此我们说无穷小转动满足交换律，是一个矢量。从这里我们也可以再次看出，对于有限转动来说，第三项不可忽略，因而不同顺序的转动造成的结果是不同的。

物理上研究运动，总是要知道快慢。对于转动问题也是如此，我们可以很自然地定义一个表示转动快慢的物理量，即**角速度**。角速度 $\boldsymbol{\omega}$ 可定义为绕轴转动的角度 $\boldsymbol{\varphi}$ 的时间变化率

$$\boldsymbol{\omega} \equiv \frac{\mathrm{d}\boldsymbol{\varphi}}{\mathrm{d}t} \tag{1.111}$$

虽然转动的角度 $\boldsymbol{\varphi}$ 不是一个矢量，但角速度 $\boldsymbol{\omega}$ 被定义为无穷小转动的角度 $\mathrm{d}\boldsymbol{\varphi}$ 除以 $\mathrm{d}t$，而无穷小转动的角度 $\mathrm{d}\boldsymbol{\varphi}$ 是一个矢量，因而角速度 $\boldsymbol{\omega}$ 是一个矢量。

3. 角动量与角动量守恒

虽然我们定义了角速度，但用角速度讨论转动问题并不总是很方便。对于转动来说，重要的不仅是快慢，还有所讨论对象的质量分布，比如推门时靠近门轴和远离门轴有很明显的差别。更适合讨论转动问题的物理量是角动量[①]。正如空间平移不变性会使我们拥有动量守恒，空间转动不变性也将使我们获得角动量守恒。

对于封闭系统（拉氏量不显含时间）来说，空间转动不变性或者说空间各向同性的意思是，当我们作一个无穷小转动操作时[②]，拉氏量应保持不变，或者说变化量 dL 为零。拉氏量是位矢 r_a 和速度矢量 v_a 的函数（a 代表系统中的第 a 个质点的序号），因此我们需要将转动 dφ 与位矢和速度矢量联系起来。系统整体转动时，所有的质点绕同一个轴转过相同的角度。因此，对系统中的每个质点都有

$$\mathrm{d}r_a = \mathrm{d}\varphi \times r_a \tag{1.112}$$

相应地，由于速度矢量只是位置矢量的时间变化率，因而当转动发生时，速度矢量的变化规律与位置矢量的变化规律完全一致，即

$$\mathrm{d}v_a = \mathrm{d}\varphi \times v_a \tag{1.113}$$

因而，当发生无穷小转动 dφ 时，拉氏量的变化

$$\mathrm{d}L = \sum_a \left(\frac{\partial L}{\partial r_a} \cdot \mathrm{d}r_a + \frac{\partial L}{\partial v_a} \cdot \mathrm{d}v_a \right)$$
$$= \sum_a \left(\frac{\partial L}{\partial r_a} \cdot (\mathrm{d}\varphi \times r_a) + \frac{\partial L}{\partial v_a} \cdot (\mathrm{d}\varphi \times v_a) \right) \tag{1.114}$$

根据动量的定义，$\partial L / \partial v_a$ 就是 p_a。同时，根据欧拉-拉格朗日方程，有

$$\frac{\partial L}{\partial r_a} = \frac{\mathrm{d}}{\mathrm{d}t} \frac{\partial L}{\partial v_a} = \frac{\mathrm{d}p_a}{\mathrm{d}t} = \dot{p}_a \tag{1.115}$$

代入式 (1.114) 得到

$$\mathrm{d}L = \sum_a \left(\dot{p}_a \cdot (\mathrm{d}\varphi \times r_a) + p_a \cdot (\mathrm{d}\varphi \times v_a) \right)$$
$$= \sum_a \left(\frac{\mathrm{d}p_a}{\mathrm{d}t} \cdot (\mathrm{d}\varphi \times r_a) + p_a \cdot \left(\mathrm{d}\varphi \times \frac{\mathrm{d}r_a}{\mathrm{d}t} \right) \right) \tag{1.116}$$

[①] 由于"门"这种物理对象的角动量与质量分布有关，其关系比较复杂，而我们在这里关注的主要是角动量守恒，因而将关于这种物理对象的角动量具体形式的讨论留到刚体部分再展开。

[②] 任意连续转动都可以由连续的无穷小转动生成。

这两项中都有 $\mathrm{d}\boldsymbol{\varphi}$，利用矢量的乘法公式[①]，可以将该项提出来，即

$$\mathrm{d}L = \sum_a \left(\mathrm{d}\boldsymbol{\varphi} \cdot \left(\boldsymbol{r}_a \times \frac{\mathrm{d}\boldsymbol{p}_a}{\mathrm{d}t} \right) + \mathrm{d}\boldsymbol{\varphi} \cdot \left(\frac{\mathrm{d}\boldsymbol{r}_a}{\mathrm{d}t} \times \boldsymbol{p}_a \right) \right) \tag{1.117}$$

由于 $\mathrm{d}\boldsymbol{\varphi}$ 对于所有质点都一样，因而

$$\mathrm{d}L = \mathrm{d}\boldsymbol{\varphi} \cdot \sum_a \left(\boldsymbol{r}_a \times \frac{\mathrm{d}\boldsymbol{p}_a}{\mathrm{d}t} + \frac{\mathrm{d}\boldsymbol{r}_a}{\mathrm{d}t} \times \boldsymbol{p}_a \right) \tag{1.118}$$

很明显，括号中的部分就是求导的乘积法则，因此

$$\mathrm{d}L = \mathrm{d}\boldsymbol{\varphi} \cdot \frac{\mathrm{d}}{\mathrm{d}t} \sum_a (\boldsymbol{r}_a \times \boldsymbol{p}_a) \tag{1.119}$$

若对于任意的 $\mathrm{d}\boldsymbol{\varphi}$ 都要求 $\mathrm{d}L$ 等于零，即要求封闭物理系统具有空间转动不变性的话，必定有

$$\frac{\mathrm{d}}{\mathrm{d}t} \sum_a (\boldsymbol{r}_a \times \boldsymbol{p}_a) = 0 \tag{1.120}$$

即

$$\boldsymbol{J} \equiv \sum_a (\boldsymbol{r}_a \times \boldsymbol{p}_a) = 常数矢量 \tag{1.121}$$

守恒量 $\boldsymbol{J}$ 被称为系统角动量。由以上推导，我们说从空间转动不变性可得到系统的角动量守恒。

我们可以进一步定义每个质点的角动量

$$\boldsymbol{j}_a \equiv \boldsymbol{r}_a \times \boldsymbol{p}_a \tag{1.122}$$

于是有

$$\boldsymbol{J} = \sum_a \boldsymbol{j}_a \tag{1.123}$$

显然，角动量也是个累加量，即系统总角动量等于每个质点角动量之和。

[①] $\boldsymbol{A}$、$\boldsymbol{B}$ 与 $\boldsymbol{C}$ 为任意的三个矢量，它们满足以下的矢量运算关系

$$\boldsymbol{A} \cdot (\boldsymbol{B} \times \boldsymbol{C}) = \boldsymbol{B} \cdot (\boldsymbol{C} \times \boldsymbol{A}) = \boldsymbol{C} \cdot (\boldsymbol{A} \times \boldsymbol{B});$$

$$\boldsymbol{A} \times (\boldsymbol{B} \times \boldsymbol{C}) = \boldsymbol{B}(\boldsymbol{A} \cdot \boldsymbol{C}) - \boldsymbol{C}(\boldsymbol{A} \cdot \boldsymbol{B});$$

$$(\boldsymbol{A} \times \boldsymbol{B}) \times \boldsymbol{C} = \boldsymbol{B}(\boldsymbol{A} \cdot \boldsymbol{C}) - \boldsymbol{A}(\boldsymbol{B} \cdot \boldsymbol{C});$$

$$\boldsymbol{A} \times (\boldsymbol{B} \times \boldsymbol{C}) + \boldsymbol{B} \times (\boldsymbol{C} \times \boldsymbol{A}) + \boldsymbol{C} \times (\boldsymbol{A} \times \boldsymbol{B}) = 0。$$

角动量是一个矢量，因此也可以每个分量单独守恒。也就是说，即便空间不具有真正的各向同性，只要在某些维度上各向同性，那么就会存在相应的角动量守恒。在我们地球的局部（足够小以至于可将地球表面当作是二维平面），前后左右是同性的，因此也有相应的角动量守恒，即绕着垂直于大地的轴的角动量守恒。当然，我们能做的很多实验都不是封闭系统，实际存在的空气阻力会破坏这种角动量守恒，耗散掉转动的动能。

1.3.5 诺特定理

上述的三个例子都是一个更具普遍性的定理——诺特定理——在某些对称性变换下的特例。诺特定理可以简单地表述为

> 在运动方程成立的前提下，对于任何一种使拉氏量保持不变或者最多相差一个时间全导数的连续性变换都有对应的守恒量存在。

关于诺特定理，有两点需要注意。一是需要运动方程（欧拉-拉格朗日方程）成立，二是变换为连续性变换。在讨论过的三个例子中我们都使用了运动方程才获得守恒量。而连续性变换意味着存在无穷小变换，利用无穷小变换，我们可一般性地证明诺特定理。

考虑一个 s 个自由度的物理系统，其拉氏量记为 $L(q_\alpha, \dot{q}_\alpha)$（在这里我们不考虑时间的变换，因为已经在前面讨论过了）。若存在某种对称性变换，使 q_α 改变（因而 $\dot{q}_\alpha$ 也改变）了无穷小 Δq_α，则由这种变换引起的拉氏量变化为

$$\Delta L = \sum_\alpha \left(\frac{\partial L}{\partial q_\alpha} \Delta q_\alpha + \frac{\partial L}{\partial \dot{q}_\alpha} \Delta \dot{q}_\alpha \right) \tag{1.124}$$

由于

$$\Delta \dot{q}_\alpha = \Delta \frac{\mathrm{d}}{\mathrm{d}t} q_\alpha = \frac{\mathrm{d}}{\mathrm{d}t} \Delta q_\alpha \tag{1.125}$$

结合求导的乘积法则可得

$$\frac{\partial L}{\partial \dot{q}_\alpha} \Delta \dot{q}_\alpha = \frac{\mathrm{d}}{\mathrm{d}t} \left(\frac{\partial L}{\partial \dot{q}_\alpha} \Delta q_\alpha \right) - \Delta q_\alpha \frac{\mathrm{d}}{\mathrm{d}t} \frac{\partial L}{\partial \dot{q}_\alpha} \tag{1.126}$$

因而

$$\Delta L = \sum_\alpha \left[\left(\frac{\partial L}{\partial q_\alpha} - \frac{\mathrm{d}}{\mathrm{d}t} \frac{\partial L}{\partial \dot{q}_\alpha} \right) \Delta q_\alpha + \frac{\mathrm{d}}{\mathrm{d}t} \left(\frac{\partial L}{\partial \dot{q}_\alpha} \Delta q_\alpha \right) \right] \tag{1.127}$$

在运动方程满足的情况下，即在

$$\frac{\partial L}{\partial q_\alpha} - \frac{\mathrm{d}}{\mathrm{d}t}\frac{\partial L}{\partial \dot{q}_\alpha} = 0 \tag{1.128}$$

的情况下

$$\Delta L = \frac{\mathrm{d}}{\mathrm{d}t}\sum_\alpha \left(\frac{\partial L}{\partial \dot{q}_\alpha}\Delta q_\alpha \right) \tag{1.129}$$

若该变换为系统的对称性，即保持物理规律不变，也即使作用量不变，那么拉氏量的改变只能为零或等于某个函数的时间全导数，即

$$\Delta L = 0 \text{或} \sum_\alpha \frac{\mathrm{d}(f_\alpha \Delta q_\alpha)}{\mathrm{d}t} \tag{1.130}$$

这里把拉氏量的变化（需要根据具体的变换操作直接根据拉氏量的形式得到）写成与无穷小变化 Δq_α 关联的形式，方便形式化处理。从这里可以得到

$$\frac{\mathrm{d}}{\mathrm{d}t}\sum_\alpha \left(\frac{\partial L}{\partial \dot{q}_\alpha} - f_\alpha \right)\Delta q_\alpha = 0 \tag{1.131}$$

无穷小量 Δq_α 可能是个参数型的常数（如平移变换），也可能是与坐标有关的量（如转动变换），总之会依赖于某个参数。摒除任意参数后，不随时间变化的量就是守恒量。例如 Δq_α 为常数，则得到一组

$$Q_\alpha = \frac{\partial L}{\partial \dot{q}_\alpha} - f_\alpha = \text{常数} \tag{1.132}$$

这样定义的 Q_α 就是守恒量。

　　在这里，我们虽然是用广义坐标进行的讨论，但是由于拉氏量本身就是广义坐标（以及广义速度）的函数，因此所有的变换都可以归结到广义坐标（以及广义速度）上，即上面的讨论具有一般性。在场论中，作为广义坐标的场本身是时空坐标的函数，相应的诺特定理证明略微复杂点，但基本思路不变，也是通过无穷小变换写出拉氏量本身的变化，在运动方程成立的前提下，令拉氏量的变化为零或为全导数项，从而得到守恒量。

　　诺特定理是一个具有普遍性意义的定理，无论在经典力学、场论，或量子理论中都成立，它使人们认识到对称性的重要地位。对称性决定守恒律。从基本相互作用的角度看，对称性还在基本层面上决定着相互作用。物理世界所具有的相互作用，如电磁相互作用，都是世界具有某种对称性的体现。相关的知识超出了理论力学的范畴，我们将在量子场论的学习中了解相关知识。

1.4 空间转动与伽利略变换

如果研究对象在某种操作下具有不变性，则我们说研究对象具有相应的对称性。在研究物理世界的时候，我们常常会遇到很多对称性。比如一个完美的球体，在绕球心的空间转动操作下，我们没有办法看出它在转动下有任何变化，我们就说完美球体具有空间转动不变性或者说三维转动对称性。在物理学的许多领域，特别是现代物理学中，对称性常常扮演重要的角色。这种重要性体现在两个方面，一是可以利用对称性来简化所要研究的问题，二是在基础物理中我们把对称性当作第一原理，即在假定基础物理具有某种对称性的前提下，给出基础物理的表述并将其与实验联系起来。

由于对称性如此重要，我们有必要特别了解对称性的数学语言——群论。我们将通过研究力学中常用坐标系转动变换来了解群论。

1.4.1 空间转动

用直角坐标系描述平面时，平面上从原点开始的一个矢量可以记作 (x, y)。把坐标系绕原点逆时针转动 θ 角时，我们就有了一个新的坐标系。在这个新的坐标系下原来的矢量变成了 (x', y')。利用几何关系很容易写出二者的关系：

$$\begin{cases} x' = x\cos\theta + y\sin\theta \\ y' = -x\sin\theta + y\cos\theta \end{cases} \tag{1.133}$$

将这个方程用矩阵写为

$$\begin{pmatrix} x' \\ y' \end{pmatrix} = \begin{pmatrix} \cos\theta & \sin\theta \\ -\sin\theta & \cos\theta \end{pmatrix} \begin{pmatrix} x \\ y \end{pmatrix} \tag{1.134}$$

我们看到矩阵

$$R(\theta) \equiv \begin{pmatrix} \cos\theta & \sin\theta \\ -\sin\theta & \cos\theta \end{pmatrix} \tag{1.135}$$

代表着坐标系转动变换，转动的角度取决于 θ。利用矩阵乘法和三角函数积化和差公式可发现，$R(\theta)$ 满足 $R(\theta_1)R(\theta_2) = R(\theta_1 + \theta_2)$，即连续两次转动相当于以两次转动角度之和完成一次转动，这当然是必须满足的要求。

转动是一种由两个因素构成的操作，一个是转动量的大小，一个是转动轴。转动量的大小在数学上就是角 θ，那么转动轴怎么用数学表达呢？或者说怎样才能将转动角 θ 和其他部分分开呢？我们可以用无穷小转动来实现这一目的。

定义 $\alpha = \theta/n$，当 n 趋向于无限大时，α 为无限小转动。由于有限转动 θ 可由 n 次无限小转动 α 生成，因此我们只要弄清楚无限小的 α 转动，就搞清楚了有限转动的情况。作无限小转动 α 时，转动矩阵可近似为

$$\begin{pmatrix} \cos\alpha & \sin\alpha \\ -\sin\alpha & \cos\alpha \end{pmatrix} \simeq \begin{pmatrix} 1 & \alpha \\ -\alpha & 1 \end{pmatrix} = \begin{pmatrix} 1 & 0 \\ 0 & 1 \end{pmatrix} + \alpha \begin{pmatrix} 0 & 1 \\ -1 & 0 \end{pmatrix} \tag{1.136}$$

定义

$$J = -\mathrm{i}\begin{pmatrix} 0 & 1 \\ -1 & 0 \end{pmatrix} = \mathrm{i}\begin{pmatrix} 0 & -1 \\ 1 & 0 \end{pmatrix} \tag{1.137}$$

则无穷小转动矩阵等于

$$I + \mathrm{i}\alpha J \tag{1.138}$$

其中 I 为单位矩阵。直接计算表明，J 满足一个简单的代数关系，$J^2 = I$。

有限转动 θ 可用 n 个无限小转动连续操作代表，即

$$\begin{pmatrix} \cos\theta & \sin\theta \\ -\sin\theta & \cos\theta \end{pmatrix} = \lim_{n\to\infty}(I + \mathrm{i}\alpha J)^n \tag{1.139}$$

利用二项式公式

$$\lim_{n\to\infty}(I + \mathrm{i}\alpha J)^n = \lim_{n\to\infty}\sum_{k=1}^{n} \mathrm{C}_n^k I^{n-k}(\mathrm{i}\alpha J)^k = \lim_{n\to\infty}\sum_{k=1}^{n}\frac{n!}{k!(n-k)!}\frac{1}{n^k}(\mathrm{i}\theta J)^k$$

$$= \lim_{n\to\infty}\sum_{k=1}^{n}\frac{1}{k!}(\mathrm{i}\theta J)^k = \mathrm{e}^{\mathrm{i}\theta J} \tag{1.140}$$

最后一步利用了泰勒展开公式。到了这里，转动角 θ 被分离出来了，因而我们可以认为 J 起到的是转动轴的作用，一旦找到了正确的 J，转动只依赖于角度参数 θ。转动矩阵

$$R(\theta) = \mathrm{e}^{\mathrm{i}\theta J} \tag{1.141}$$

将所有的 $R(\theta)$ 放到一个集合里面，我们很容易就能发现这个集合具有以下性质：

（1）两次转动 $R(\theta_1)$ 与 $R(\theta_2)$ 的乘积还是集合里的元素，即 $R(\theta_1+\theta_2)$；

（2）$[R(\theta_1)R(\theta_2)]R(\theta_3) = R(\theta_1)[R(\theta_2)R(\theta_3)]$，即 $R(\theta)$ 的乘法满足结合律；

（3）当 $\theta = 0$ 时，$R(\theta)$ 等于单位矩阵，代表不转，或者说不变；

（4）$R(-\theta)$ 代表反向，即顺时针转动了 θ。而 $R(\theta)R(-\theta) = R(0) = I$。

人们将这些性质抽象化后发现这是一种数学，这种数学称为**群论**。

1.4.2 群论

对于规定了元素运算（以下用两个元素直接"粘"在一起表示）规则的集合 G，若其满足以下性质：

（1）运算具有封闭性：若元素 f 与 g 属于 G，则 fg 也属于 G；

（2）运算满足结合律：对于集合中的三个元素 f, g 和 h，有 $(fg)h = f(gh)$；

（3）集合中有单位元：存在元素 e，使得集合中任意元素 f，有 $fe = ef = f$；

（4）任何元素都有逆元：对于集合中的每一个元素 f，集合中有其逆元 f^{-1} 存在，使得 $ff^{-1} = e$。

则人们称 G 为一个**群**。群论是天然的描述对称性的数学语言。

回过头再来看平面转动变换，平面转动变换构成的群属于值得特殊讨论的一类群。这类群有两个特点，一是群元依赖于某组连续变化的参数，对于我们讨论过的平面转动，参数只有一个，就是转动角 θ；二是群元都由同一组满足特定代数关系的数学元素生成，在我们讨论的平面转动中，数学元素就是 J，它满足的代数关系是 $J^2 = I$，其中 I 为恒等变换。人们将这类群称为**李群**，生成李群的数学元素被称为**生成元**，生成元所满足的代数关系被称为**李代数**。在前面的例子里，J 就是二维转动群的生成元。李群都是无限群，因为每一个参数都对应一个群元，参数是连续变量，因而有无限个，所以群元也有无限个。

需要指出的是，群是一种抽象的数学关系，李代数强调的也是代数关系。前面我们写出的具体的矩阵形式被称为群的**表示**。一个群可以有多种表示。在物理上，由于计算的需要，我们尤其关注群的表示。

1. 三维实空间特殊转动群，$SO(3)$ 群

前面讨论了平面转动。我们可以直接在原点上加一个垂直于转动平面的 z 轴就将上面的结果推广到了三维。很明显，在三维空间中，绕着 z 轴的转动可以写成

$$
\begin{pmatrix} x' \\ y' \\ z' \end{pmatrix} = \begin{pmatrix} \cos\theta_z & \sin\theta_z & 0 \\ -\sin\theta_z & \cos\theta_z & 0 \\ 0 & 0 & 1 \end{pmatrix} \begin{pmatrix} x \\ y \\ z \end{pmatrix} \tag{1.142}
$$

转动矩阵

$$R_z(\theta_z) = \begin{pmatrix} \cos\theta_z & \sin\theta_z & 0 \\ -\sin\theta_z & \cos\theta_z & 0 \\ 0 & 0 & 1 \end{pmatrix} \tag{1.143}$$

按上面一样的操作指数化之后得到 $R_z(\theta_z) = \mathrm{e}^{\mathrm{i}\theta_z J_z}$，其中

$$J_z = \mathrm{i} \begin{pmatrix} 0 & -1 & 0 \\ 1 & 0 & 0 \\ 0 & 0 & 0 \end{pmatrix} \tag{1.144}$$

代表着 z 轴。

同样地，我们也可以直接写出 J_x 和 J_y。唯一需要注意的是，要保持定义的一致性，即在每个平面上的转动都定义成逆时针转动。至于什么是"逆"，什么是"顺"，则始终保持 xyz 的循环顺序性，即 xy 平面逆时针转动为从 x 转向 y，yz 平面逆时针转动为从 y 转向 z，zx 平面逆时针转动为从 z 转向 x。由于用 (x, y, z) 不方便使用求和号等符号，我们将这三个坐标改写成 (x_1, x_2, x_3)。这三个轴可以表示成

$$J_1 = \mathrm{i} \begin{pmatrix} 0 & 0 & 0 \\ 0 & 0 & -1 \\ 0 & 1 & 0 \end{pmatrix}, J_2 = \mathrm{i} \begin{pmatrix} 0 & 0 & 1 \\ 0 & 0 & 0 \\ -1 & 0 & 0 \end{pmatrix}, J_3 = \mathrm{i} \begin{pmatrix} 0 & -1 & 0 \\ 1 & 0 & 0 \\ 0 & 0 & 0 \end{pmatrix} \tag{1.145}$$

直接计算会发现这三个生成元满足下面的李代数

$$[J_i, J_j] = \sum_{k=1}^{3} i\epsilon_{ijk} J_k \tag{1.146}$$

其中 i, j, k 分别可取 1,2,3 中的任何一值；ϵ_{ijk} 被称为**全反对称张量**，我们定义 $\epsilon_{123} = 1$，其他的 ϵ_{ijk} 通过交换指标顺序得到，每交换一次改变一次正负号，如 $\epsilon_{213} = -1, \epsilon_{312} = 1$ 等。满足这种李代数的李群被称为**三维实空间特殊转动群**（特殊正交群），记为 $SO(3)$ 群，群元可写成 $R(\theta_1, \theta_2, \theta_3)$。这里的特殊指的是这种群的行列式为 1。

在最一般的情况下，三维实空间坐标的线性变换可以写成

$$x_i \Rightarrow x_i' = \sum_j a_{ij} x_j + b_i \tag{1.147}$$

其中，a_{ij} 代表着转动和缩放变换以及反演变换（镜像变换），b_i 代表着平移变换。这样的一般性变换被称为**非齐次**变换。若没有 b_i 项，即

$$x_i \Rightarrow x_i' = \sum_j a_{ij} x_j \tag{1.148}$$

则我们称这样的变换为**齐次**变换。

转动的意义在于没有缩放与平移。也就是说，转动是保有长度的齐次变换。转动变换 R 操作下长度不变可以写成

$$\sum_i x_i x_i \Rightarrow \sum_i x_i' x_i' = \sum_i \sum_j \sum_k R_{ij} x_j R_{ik} x_k = \sum_i x_i x_i \qquad (1.149)$$

这意味着

$$\sum_i R_{ij} R_{ik} = \sum_i R_{ji}^{\mathrm{T}} R_{ik} = \delta_{jk} \qquad (1.150)$$

其中 T 为转置的意思。式 (1.150) 写成矩阵的形式，即 $R^{\mathrm{T}} R = I$。这就是保有长度的转动变换。若将这个等式看作转动的定义，则根据矩阵性质可得

$$R^{\mathrm{T}} R = I \Rightarrow \det(R^{\mathrm{T}}) \det(R) = \det(R) \det(R) = \det(I) = 1 \qquad (1.151)$$

因此，R 的行列式 $\det(R) = \pm 1$。因而，从长度不变的角度出发，我们定义的是一个更大的群，被称为三维实空间正交群，记做 $O(3)$。$SO(3)$ 群是这个群的子群[①]，对应着 $\det(R) = 1$ 的子群，人们也常常将 $\det(R) = 1$ 对应的子群称为固有群，因为它本来就是从三维转动中直接写出的。

2. 矢量与张量

有了三维实空间特殊转动群 $SO(3)$ 的定义后，我们可以将大家熟悉的矢量更加明确地定义出来。当我们对坐标系作转动变换时，按 $J_{1,2,3}$ 定义的 $SO(3)$ 群的表示 R 变动的量，就被我们称为矢量。即矢量 V_i 在空间坐标变换下，满足

$$V_i \Rightarrow V_i' = \sum_j R_{ij} V_j \qquad (1.152)$$

类似地，我们可以定义**张量**。张量指的就是空间坐标转动变换时满足

$$T_{ij} \Rightarrow T_{ij}' = \sum_k \sum_l R_{ik} R_{jl} T_{kl} \qquad (1.153)$$

的物理量。这里定义的张量被称为二阶张量。还可以定义三阶张量，如 T_{ijk}，或更高阶张量。

---

① 若某个群（一个集合）的某个子集也是一个群（即满足群定义的四个条件），则这个子集被称为**子群**。

我们在前面已经用过的全反对称张量 ϵ_{ijk} 也是一种张量。直接计算得到

$$\sum_l \sum_m \sum_n R_{il} R_{jm} R_{kn} \epsilon_{lmn}$$
$$= R_{i1} R_{j2} R_{k3} + R_{i2} R_{j3} R_{k1} + R_{i3} R_{j1} R_{k2} -$$
$$R_{i1} R_{j3} R_{k2} - R_{i2} R_{j1} R_{k3} - R_{i3} R_{j2} R_{k1} \tag{1.154}$$

很明显，当 i, j, k 中至少有两个下标相同时，式 (1.154) 为零；当 i, j, k 全都不同，但按 $1, 2, 3$ 顺序循环排列时，式 (1.154) 正好等于 $\det(R)$；而 i, j, k 按 $3, 2, 1$ 顺序循环排列时，式 (1.154) 正好等于 $-\det(R)$。如 $i, j, k = 1, 2, 3$ 时，式 (1.154) 改写为

$$\sum_l \sum_m \sum_n R_{il} R_{jm} R_{kn} \epsilon_{lmn}$$
$$= R_{11} R_{22} R_{33} + R_{12} R_{23} R_{31} + R_{13} R_{21} R_{32}$$
$$- R_{11} R_{23} R_{32} - R_{12} R_{21} R_{33} - R_{13} R_{22} R_{31} \tag{1.155}$$

这正是 R 矩阵行列式的定义。由于 $\det(R) = 1$，因而

$$\sum_l \sum_m \sum_n R_{il} R_{jm} R_{kn} \epsilon_{lmn} = \epsilon_{ijk} \tag{1.156}$$

即 ϵ_{ijk} 也是一种张量。

1.4.3 伽利略变换及时空观

我们已经讨论过可合理地假定时空具有一些对称性，而这些对称性将带来实验上的确存在的守恒律。那么，最一般的时空对称性应该有哪些呢？换句话说，能够使物理规律在时空变换下保持形式不变的变换有哪些呢？

一般来说，这种变换应当是线性变换，因为线性变换的反变换也是线性变换。若是非线性变换，如 t 变成 t^2，显然物理规律会变得极其混乱，所以我们只考虑线性变换。

线性变换可以有很多，如放大与缩小（时空坐标上乘以某个常数）、平移（加上或减去某个常数）以及旋转（前面讨论过）等。这些变换都可以有无穷小变换，比如乘以无穷小量就是缩小了无穷小倍，平移无穷小距离，转动无穷小角度等。人们把这种可以有无穷小变换的变换称为**连续变换**。与之对应的是不存在无穷小变换的变换，这种变换被称为**分立变换**，如镜像变换。

在讨论这些时空变换时，我们的原则是什么呢？或者说，我们应该在保证哪些量具有不变性的情况下讨论时空变换呢？这就涉及基本的时空观。

在伽利略与牛顿的时代，人们相信空间间隔具有不变性。空间间隔指的是两点之间的距离，比如一根木棍的长度就是空间间隔。在那个时代，人们认为能保持空间间隔不变的变换才是物理规律应满足的时空对称性。这种观念与人们的朴素经验相符合。人们从日常生活中得出经验，一根木棍的长短就应该是那么多，不论你转动它、平移它还是边跑边测量它，木棍的长度都应该是那么多。若把空间间隔保持不变当成我们对时空变换的一个基本要求，那么我们就在谈论伽利略时空观。

在三维空间中，也就是我们所生活的这个世界中，两个点在直角坐标系 $Oxyz$ 下的坐标 (x_1,y_1,z_1) 与 (x_2,y_2,z_2) 的空间间隔（距离）可以写成

$$\Delta r = \sqrt{(x_1-x_2)^2+(y_1-y_2)^2+(z_1-z_2)^2} \tag{1.157}$$

显然，放大和缩小肯定不能使空间间隔保持不变；而平移变换则可以。比如将坐标系 $Oxyz$ 沿 x 方向平移 a 得到一个新坐标系 $O'x'y'z'$，在新的坐标系下，两个点的位置变成了

$$(x_1',y_1',z_1')=(x_1-a,y_1,z_1), \quad (x_2',y_2',z_2')=(x_2-a,y_2,z_2) \tag{1.158}$$

很明显

$$\Delta r' = \sqrt{(x_1'-x_2')^2+(y_1'-y_2')^2+(z_1'-z_2')^2}$$
$$= \sqrt{(x_1-x_2)^2+(y_1-y_2)^2+(z_1-z_2)^2} = \Delta r \tag{1.159}$$

即空间间隔在坐标系平移变换下保持不变。我们讨论过的转动显然也有保持空间间隔不变的特征。

除时空平移和空间转动外，能保持空间间隔不变的连续变换还有一种，即

$$\left.\begin{array}{l} x \to x' = x + u_x t \\ y \to y' = y + u_y t \\ z \to z' = z + u_z t \\ t \to t' = t \end{array}\right\} \tag{1.160}$$

这种变换一般被称为**伽利略变换**，它代表的是从坐标系 $Oxyz$ 到坐标系 $O'x'y'z'$ 的变换。坐标系 $O'x'y'z'$ 指的是在 $t=0$ 时刻与坐标系 $Oxyz$ 重合，之后沿着 $Oxyz$ 坐标系的 x 轴负向、y 轴负向和 z 轴负向分别以速度 u_x,u_y 和 u_z 匀速运动的坐标系。在这种变换下，间隔保持不变。例如，在这种变换下

$$x_1-x_2 \to x_1'-x_2' = (x_1+u_x t_1)-(x_2+u_x t_2)=(x_1-x_2)+u_x(t_1-t_2) \tag{1.161}$$

由于测量空间间隔（距离）的时候，总是在同一时刻测量才有意义（不然就成刻舟求剑了），因而 $t_1 = t_2$，所以

$$x_1 - x_2 \to x_1' - x_2' = x_1 - x_2 \tag{1.162}$$

同理，可以算出 y 方向与 z 方向也是如此，所以在这种变换下空间间隔保持不变。

伽利略变换就是牛顿力学的时空观，伽利略时代的人是根据经验想到伽利略变换的。这个变换完全符合人们的生活经验。但这个变换中有一个很重要的假定，即最后一个方程 $t' = t$，是那个时候的人没有清楚指明的，因为这个关系看起来如此自然。但这个关系恰恰是问题最大的，这个问题我们留到相对论的部分讨论。

以上的这三种变换，即时空平移（四种独立平移）、空间转动（三种独立转动）和伽利略变换（三种独立变换。因时间没变，不算一种），就是三维空间中能有的全部保持空间间隔不变的连续线性变换。

除这三种连续变换外，能保持空间间隔不变的变换还有两种分立变换，分别是时间反演变换和空间反演变换，其中空间反演变换也称宇称变换或镜像变换。时间反演变换指的是将 t 变成 $(-t)$ 的变换，空间反演变换指的是将 (x, y, z) 变成 $(-x, -y, -z)$ 的变换。显然，二者都可以保持空间间隔不变。经典力学对时间与空间反演变换都是保持不变的。经典力学过程具有可逆性[①]。

习题

1.1 写出四维空间中直角坐标系与球坐标系的变换关系；写出四维球坐标系体积元，以及各变量的积分上下限。能进一步写出 n 维空间中的关系吗？

1.2 从最小作用量原理推出欧拉-拉格朗日方程。

1.3 对自由质点，在球坐标系中写出广义坐标 (r, θ, φ) 对应的广义动量，并写出用广义动量表示的动能项。

1.4 用球坐标系变量 (r, θ, φ) 表示在直角坐标系下的角动量各分量以及总角动量的平方，即 J_x, J_y, J_z 和 J^2。

1.5 通过直接计算验证 $SO(3)$ 群生成元满足的李代数。

[①] 作为经典物理学的一部分，经典力学具有可逆性，但经典物理并不具有可逆性。热力学第二定律强调了这种不可逆性。

第 2 章 拉格朗日力学的应用

拉格朗日力学不像牛顿力学那样直观，但是由于其更具一般性，因而是更好的物理理论框架语言。前面我们讨论了从最小作用量原理得到基本运动方程，即欧拉-拉格朗日方程，但是并没有给出具体的例子。在本章的学习中，我们将通过三个具体的例子展示拉格朗日力学的应用方法，并讨论相关的物理内容。

我们选择的三个例子是微振动问题、天体运动问题以及粒子对撞问题。通过微振动问题，我们将学习有效理论的概念以及较为简单的微分方程的计算。微分方程遍布于整个物理学，求解方程并对得到的解做出物理解释，是我们了解物理的一种常用方法。我们要讨论的后两个问题都是有心力场的理论。物理世界的基本相互作用常常只依赖于相互作用的远近，即只有径向变量的依赖，具有这种性质的力就是有心力。人们熟悉的万有引力与电磁力都是有心力。通过这两个例子，我们不但要学习拉格朗日力学处理问题的方式，还要对决定了物理学面貌的两个重要实验有所了解。这两个实验是人类对天体的观测以及粒子碰撞实验。

2.1 微振动

振动，在大自然中无所不在。物体在平衡位置附近的往复运动就是振动。钟上的摆，拉拽后松开的弹簧，各种各样的声乐器材，它们都在振动，甚至原子也在作振动。一般来说，人们研究的振动是一种宏观现象，可以用力学的方法进行处理。虽然在不同的物理问题中振动的原因（即导致振动的力或者说相互作用）各不相同，但是人们还是可以根据一些一般性要求对振动问题统一处理。

假定我们讨论的某个振动问题受相互作用 $U(q)$ 掌控。当偏离平衡位置不太远时，我们可以对 $U(q)$ 在平衡位置 q_0 做泰勒展开

$$U(q) = U(q_0) + U'(q_0)(q - q_0) + \frac{1}{2}U''(q_0)(q - q_0)^2 + \cdots \qquad (2.1)$$

由于我们讨论的是平衡位置 q_0 附近的运动，因而在这个位置处势能的一阶导数 $U'(q_0)$ 为零。$U(q_0)$ 只是一个纯粹的常数。我们知道运动方程取决于作用量变分，而在做变分时常数没有影响，所以我们直接忽略这一项。当我们讨论的问题是平衡位置"附近"时，$(q - q_0)$ 是一个小量。忽略掉 $(q - q_0)^3$ 以及以上高阶的贡献，则有

$$U(q) = \frac{1}{2}U''(q_0)(q - q_0)^2 \tag{2.2}$$

这里的二阶导数是一个常数，记为 k；再将偏离平衡位置的大小 $(q - q_0)$ 记为 x，则

$$U(q) = \frac{1}{2}kx^2 \tag{2.3}$$

也就是说，即使不知道使这个偏离平衡位置不太远的振动发生的势能的具体形式，我们仍然可以知道它的近似形状，只不过其中涉及一个常数 k。这个常数 k 可以通过实验的手段确定其大小，一旦确定，我们就能用这个势能来分析这种情况下的运动了。

当用 x 来替换 q 时，动能项不会改变，因为广义速度 $\dot{q} = \dot{x}$。

2.1.1　有效理论

对微振动这种情况，我们说 $kx^2/2$ 是**完整理论**$U(q)$ 的**有效理论**。

在研究物理学的过程中，人们所研究的大多数是有效理论。人类研究物理学必须依靠实验。一方面，没有实验给我们提示，我们很难凭空想象出物理理论的样子[①]；另一方面，没有实验验证，我们无法判定一个物理理论是否正确。而实验手段总是受技术能力等诸多方面的限制。这导致我们探索物理的过程总是分阶段进行。在某个阶段，我们的研究只能深入到某个尺度上。根据某个尺度上的实验结果，我们可以构建该尺度上的物理理论，但是我们很难猜出下一个尺度的物理是怎样的。

要想研究完整理论 $U(q)$ 是什么样子，我们有两种办法。一个是把实验推进到下一个甚至下下个尺度上，看到更为丰富的物理图像，并且构建能够解释该图像的物理理论。一般来说，若我们构建了一个物理理论，解释了已有的实验结果，那么这个理论就有一定的可靠性。要想让它得到更多承认，还需要根据这个理论预言新的实验现象并通过实验观测到。另一个方法是在我们现有实验能力的尺度上做更为精细的观测。在这种情况下，虽然我们无法直接介入到下一个尺度上，但当实验的误差足够小，实验数据

---

① 即便聪明如牛顿，也绝无半点想到量子力学的可能。

足够多时，我们就能通过实验的方法判定有效理论的下一阶修正的样子，比如拟合出 x^3 的系数。若我们能够做得足够好，拟合出足够多的 x 幂次的系数，我们就有可能利用数学工具还原出 $U(q)$ 的形状。

单单得到了 $U(q)$ 的样子，还不算我们真的得到了一个好的物理理论，最好能够给 $U(q)$ 一个合理的解释。所谓合理的解释是指能够通过某个简单的原理得到 $U(q)$。在现代，这类原理一般就是对称性。我们希望能够从某个思想出发，自然地得到 $U(q)$。这种对完整理论的追求，驱动人们发现了一个又一个有效理论。探索无止境。

2.1.2 一维简谐振动

回到振动问题。在分析运动时，首先要写出问题的拉氏量。由于这里讨论的是一维运动，并且我们已经有了其势能的形式。因而，根据前面的经验，可以将这个问题的拉氏量写成

$$L = T - U = \frac{1}{2}m\dot{x}^2 - \frac{1}{2}kx^2 \tag{2.4}$$

按照拉格朗日力学的模式，将拉氏量代入欧拉-拉格朗日方程得到运动方程。在这个问题里，方程为

$$\frac{\partial L}{\partial x} - \frac{\mathrm{d}}{\mathrm{d}t}\frac{\partial L}{\partial \dot{x}} = 0$$

即

$$-kx - m\ddot{x} = 0 \tag{2.5}$$

方程两边同除以 m 并定义 $\omega^2 = k/m$，则方程变为

$$\ddot{x} + \omega^2 x = 0 \tag{2.6}$$

求解这个方程，我们就将得到这个运动的一切物理结果。

这是一个较为简单的二阶微分方程。像这种右边为零的方程，人们将其称为**齐次**方程。若右边为时间的函数，则称为**非齐次**方程。这个方程告诉我们的是，作为时间 t 的函数的 x，对 t 求两次导后会正比于 x。求两次导等于自身的函数是什么样子呢？根据我们在微积分中学到的知识，正弦余弦函数就有这种特点。因而我们可以随便选其一，得到

$$x(t) = a\cos(\omega t + \alpha) \tag{2.7}$$

这里的 a 与 α 分别被称为**振幅**和**初相位**，为待定常数。对于二阶微分方程，自然应该在通解中出现两个待定常数。待定常数需要通过**初始条件**定

下来。初始条件指的是问题一开始，即 $t = 0$ 时质点所在的位置 $x(0)$ 和速度 $\dot{x}(0)$ 的具体数值。有了这些初始值，我们就能完整地确定所研究的问题的解究竟是什么，并用这个解去预言其他的物理现象。

2.1.3　受迫振动

若所讨论的问题还受随时间变化的外场的作用，则我们还应在拉氏量上再加上一项与时间有关的项 $U_{外}(q, t)$。同样地，对于这一项我们也可以将其在平衡位置 q_0 附近做微扰展开。

$$U_{外}(q, t) = U_{外}(q_0, t) + U'_{外}(q_0, t)(q - q_0) + \cdots \tag{2.8}$$

展开式的第一项只是时间的函数，可写成时间的全导数项。拉氏量中时间的全导数项不影响作用量，因而可将这项去掉。在忽略 $(q - q_0)^2$ 及以上阶贡献的情况下，式 (2.8) 表示为

$$U_{外}(q, t) = -xF(t) \tag{2.9}$$

其中 $F(t) = -U'_{外}(q_0, t)$。将式 (2.9) 这额外的一项添加到拉氏量并代入欧拉-拉格朗日方程后得到运动方程

$$\ddot{x} + \omega^2 x = \frac{F(t)}{m} \tag{2.10}$$

这样的微分方程为非齐次微分方程。该方程同样是一个二阶微分方程，通解中也应该有两个常数。对于这样的方程，我们可以将它的解写为相应的齐次微分方程的通解加上一个非齐次微分方程的特解。通解加特解自然满足这一方程，同时还会有两个待定常数，因而就是该方程的解。在前面我们已经求出了齐次方程的通解，现在需要找到非齐次方程的特解。

对于这样的方程，我们可以用傅里叶变换的方法来求特解。将 $F(t)$ 做傅里叶展开：

$$F(t) = \int_{-\infty}^{+\infty} \frac{\mathrm{d}E}{2\pi} \tilde{F}(E) \mathrm{e}^{\mathrm{i}Et} \tag{2.11}$$

对于要求的 $x(t)$ 也做傅里叶展开

$$x(t) = \int_{-\infty}^{+\infty} \frac{\mathrm{d}E}{2\pi} \tilde{x}(E) \mathrm{e}^{\mathrm{i}Et} \tag{2.12}$$

于是式 (2.10) 的微分方程

$$\left(\frac{\mathrm{d}^2}{\mathrm{d}t^2} + \omega^2 \right) x = \frac{F(t)}{m} \tag{2.13}$$

就变成了

$$\left(\frac{\mathrm{d}^2}{\mathrm{d}t^2}+\omega^2\right)\int_{-\infty}^{+\infty}\frac{\mathrm{d}E}{2\pi}\tilde{x}(E)\mathrm{e}^{\mathrm{i}Et}=\frac{1}{m}\int_{-\infty}^{+\infty}\frac{\mathrm{d}E}{2\pi}\tilde{F}(E)\mathrm{e}^{\mathrm{i}Et} \qquad (2.14)$$

先将方程左边的求导计算用掉, 方程左边变成了

$$\int_{-\infty}^{+\infty}\frac{\mathrm{d}E}{2\pi}(-E^2+\omega^2)\tilde{x}(E)\mathrm{e}^{\mathrm{i}Et} \qquad (2.15)$$

因而, 方程左右两边若要相等, 则只能有

$$(\omega^2-E^2)\tilde{x}(E)=\frac{\tilde{F}(E)}{m} \qquad (2.16)$$

即

$$\tilde{x}(E)=\frac{\tilde{F}(E)}{m(\omega^2-E^2)} \qquad (2.17)$$

于是我们可求得特解:

$$x_{\text{特}}(t)=\int_{-\infty}^{+\infty}\frac{\mathrm{d}E}{2\pi}\tilde{x}(E)\mathrm{e}^{\mathrm{i}Et}=\int_{-\infty}^{+\infty}\frac{\mathrm{d}E}{2\pi}\frac{\tilde{F}(E)}{m(\omega^2-E^2)}\mathrm{e}^{\mathrm{i}Et} \qquad (2.18)$$

根据 $F(t)$ 的具体形式得到 $\tilde{F}(E)$, 再积分得到 $x_{\text{特}}(t)$ 即可。

可以看到, 傅里叶变换一个最大的好处是把一个算符方程变成了一个常数方程, 即在积分下做变换

$$\frac{\mathrm{d}^2}{\mathrm{d}t^2}+\omega^2\Rightarrow\omega^2-E^2 \qquad (2.19)$$

常数方程立即就可以求解。最后再加上一个傅里叶逆变换的过程就得到了要求的结果。傅里叶变换是一种很强大的数学工具, 在物理学研究中用得很多, 既在实验物理中使用 (如光谱分析), 也在理论物理中使用 (如这里求解方程)。在很多问题中, 将傅里叶变换用于求方程时, 不用每次都绞尽脑汁构建特解的形状, 因而比较方便。虽然一开始可能有点不习惯, 但掌握这种工具还是很值得的。

有了特解之后, 我们可以写下最后的通解, 即齐次方程的通解与非齐次方程的特解之和:

$$x_{\text{通}}(t)=a\cos(\omega t+\alpha)+\int_{-\infty}^{+\infty}\frac{\mathrm{d}E}{2\pi}\frac{\tilde{F}(E)}{m(\omega^2-E^2)}\mathrm{e}^{\mathrm{i}Et} \qquad (2.20)$$

下面讨论一个具体的例子，看看如何应用上面的结果。假设 $F(t)$ 是周期性的余弦规律作用力，我们可以将其写为

$$F(t) = f\cos(\gamma t + \beta) \tag{2.21}$$

对其做傅里叶逆变换可得

$$\tilde{F}(E) = \int_{-\infty}^{+\infty} dt' f\cos(\gamma t' + \beta)e^{-iEt'}$$

$$= f\int_{-\infty}^{+\infty} dt' \frac{1}{2}\left(e^{i(\gamma-E)t'}e^{i\beta} + e^{-i(\gamma+E)t'}e^{-i\beta}\right) \tag{2.22}$$

这里我们将余弦函数用指数函数 e 表示，是为了使用狄拉克 δ 函数的一个定义，即[①]

$$\delta(x) = \int_{-\infty}^{+\infty} \frac{dk}{2\pi}e^{ikx} \tag{2.23}$$

利用这一定义我们得到

$$\tilde{F}(E) = f\pi\left(\delta(E-\gamma)e^{i\beta} + \delta(E+\gamma)e^{-i\beta}\right) \tag{2.24}$$

将其代入前面特解的表达式中，有

$$x_{特}(t) = f\pi\int_{-\infty}^{+\infty} \frac{dE}{2\pi}\frac{1}{m(\omega^2-E^2)}\left(\delta(E-\gamma)e^{i\beta} + \delta(E+\gamma)e^{-i\beta}\right)e^{iEt} \tag{2.25}$$

利用狄拉克 δ 函数的积分公式，我们可以直接得到结果（狄拉克 δ 函数极其方便）：

$$x_{特}(t) = \frac{f}{m}\frac{1}{\omega^2-\gamma^2}\cos(\gamma t + \beta) \tag{2.26}$$

再代入通解表达式即得

$$x_{通}(t) = a\cos(\omega t + \alpha) + \frac{f}{m}\frac{1}{\omega^2-\gamma^2}\cos(\gamma t + \beta) \tag{2.27}$$

同样地，这个通解里有两个常数 a 与 α。

观察这个结果，我们发现这个解有其适用范围。很明显，当 ω 与 γ 非常接近的时候，解会急速变大，趋向于无穷大。ω 与 γ 代表的分别是固有的振动频率与周期性外力的频率。因而我们得出结论，当两个频率接近时，

[①] 有关狄拉克 δ 函数的内容参见本书目录前的"符号与约定"部分。

振动会变得非常强烈。这种物理现象被称为**共振**。共振在工程上是一件很严肃的事，因为共振带来的强度对频率差的依赖非常强烈，若出现共振现象可能造成工程力学上的损害。

当然，频率接近时，x——也就是偏离平衡位置的幅度，不会趋向于无穷大。周期性外力不可能把某个地球上的物体"振动"到外太空去。因此，这个解本身也含有这个解的适用范围。即，上面的分析及所得到的结果只在一定范围内成立。超出范围，振动变得强烈，则上面的微振动理论不再适用。

我们常常将物理计算得到的"解"中出现的无穷大称为**发散**。发散的出现总与理论的适用性有关。所有已知的物理理论都有其适用范围，超出这个范围理论就变得没有意义。我们所拥有的所有物理理论，都是从远离理论发散区域的实验中总结出来的。当我们能够做靠近一个旧有理论的发散区域的实验时，旧有理论常常会被更为深刻或基本的新概念、新理论取代。这种情况在物理理论中非常常见。比如库仑定律是平方反比律。根据数学公式，当距离趋近于零时，两个电荷的静电力会趋于无限大。在极小的距离上，我们需要新的概念与理论描述电磁现象，而不是简单的库仑定律。

最后，在这个计算里，傅里叶变换和后续计算太简单，因为直接得到了狄拉克 δ 函数。若不是这样，则可能会需要根据实际情况选择交换积分顺序，以便先完成简单的积分。复杂一点的积分需要使用留数定理。但即便使用了留数定理，仍然是高度流程化的。在另外一些情况下，我们可能需要用到其他的积分变换，如梅林变换等。在这里，我们将微分方程变成积分关系；在另一些情况下，我们可能会需要将积分关系变成微分方程。总之，怎样简单就怎样做[①]。

2.2　天体运动

人们一般用"力"这个概念来描述物体之间的相互作用。力的种类有很多，如弹力、压力等。在所有的力中有一类特殊重要的力，即"有心力"。有心力指的是物体所受外力仅与物体到某一固定点距离有关的力，如万有引力和库仑力。对于这种类型的力，我们一般用表示成势能形式的场来描述。这类问题里，物体常常距离产生这种作用的"源"很远，因而可以用质点模型，即讨论质点在源产生的场中的运动。

在本节的讨论中，我们先给出质点运动所满足的一般性方程；接着将

---

① 关于傅里叶变换、狄拉克 δ 函数、留数定理以及其他物理学中常用的技术手段，我们需要学习**数学物理方法**课程。

运动方程应用到天体运动问题上，从实验观测结果出发，论证能够满足实验要求的力将只能是距离平方反比力。

2.2.1　有心力场中的运动为平面运动

有心力场是由源产生的，如太阳就是太阳系中引力场的源（忽略行星彼此之间的影响）。我们选取源静止的参考系，并将源的位置定义为坐标系（用球坐标系方便）的原点。即，我们将有心力场的中心取在球坐标系的原点，则有心力场的势能可以定义相应的有心力：

$$\boldsymbol{F} = -\nabla U(r) = -\frac{\mathrm{d}U}{\mathrm{d}r}\boldsymbol{e_r} \tag{2.28}$$

由于这个力与位矢在一条直线上，指向相反，因而其产生的力矩为零。这意味着在有心力的作用下，质点的角动量守恒。因而质点只能在一个平面内运动。从拉氏量的语言看，势能部分中无角度坐标出现，即角度坐标为循环坐标，因而角动量守恒。

2.2.2　两体问题与约化质量

若不选取源静止的参考系，则需要考虑的问题是一个两体问题，如太阳和地球构成一个两体系统。在这种情况下，拉氏量中有两个动能项。相应的拉氏量可以表示为

$$L = \frac{1}{2}m_1\dot{\boldsymbol{r}}_1^2 + \frac{1}{2}m_2\dot{\boldsymbol{r}}_2^2 - U(r) \tag{2.29}$$

其中 $\boldsymbol{r} = \boldsymbol{r}_1 - \boldsymbol{r}_2$ 代表两个质点的相对位置矢量，而 $r = |\boldsymbol{r}|$。虽然表面看，式 (2.29) 比较复杂，但通过选取合适的参考系可使这个问题得到简化。我们选质心为坐标原点的参考系，即令

$$m_1\boldsymbol{r}_1 + m_2\boldsymbol{r}_2 = 0 \tag{2.30}$$

这样的参考系称为质心系。结合相对位矢的定义，可得

$$\boldsymbol{r}_1 = \frac{m_2}{m_1 + m_2}\boldsymbol{r}, \quad \boldsymbol{r}_2 = -\frac{m_1}{m_1 + m_2}\boldsymbol{r} \tag{2.31}$$

将这个表达式代回到拉氏量，我们发现两体问题的拉氏量被化简成了单体问题的拉氏量：

$$L = \frac{1}{2}m\dot{\boldsymbol{r}}^2 - U(r) \tag{2.32}$$

其中

$$m = \frac{m_1 m_2}{m_1 + m_2} \tag{2.33}$$

被称为约化质量。显然，若其一个质量很大，如 m_2 很大，则 m 近似等于 m_1。

可见，即便不选取源不动的参考系，有心力问题仍然可以按单个质点的运动来处理，只不过坐标原点需选取在质心，而质量得表示成约化质量。

2.2.3   质点的运动方程

由于质点只能在一个平面内运动，因此我们使用极坐标 (r, φ) 来表示质量为 m 的质点的位矢。质点的拉氏量写为

$$L = \frac{1}{2}m(\dot{r}^2 + r^2\dot{\varphi}^2) - U(r) \tag{2.34}$$

由于拉氏量不显含坐标 φ，根据拉格朗日方程我们知道广义坐标 φ 为循环坐标，其所对应的广义动量为守恒量。直接将拉氏量代入拉格朗日方程：

$$\left.\begin{array}{l} \dfrac{\partial L}{\partial r} - \dfrac{\mathrm{d}}{\mathrm{d}t}\dfrac{\partial L}{\partial \dot{r}} = 0 \\[3mm] \dfrac{\partial L}{\partial \varphi} - \dfrac{\mathrm{d}}{\mathrm{d}t}\dfrac{\partial L}{\partial \dot{\varphi}} = 0 \end{array}\right\} \tag{2.35}$$

化简得

$$mr\dot{\varphi}^2 - \frac{\mathrm{d}U(r)}{\mathrm{d}r} - m\ddot{r} = 0 \tag{2.36}$$

$$mr^2\dot{\varphi} = 常数 \tag{2.37}$$

这个常数就是循环坐标对应的守恒量，记作

$$p_\varphi \equiv mr^2\dot{\varphi} \tag{2.38}$$

就是质点运动的角动量。

2.2.4   运动方程的求解

方程式（2.36）与式（2.37）就是质点在有心力场中的运动方程。研究不同的问题，就是代入不同的势能 $U(r)$，求出方程的解。方程的解要根据问题本身来确定，即根据哪些物理量是我们能够在实验上观测到的来确定到底要解什么。

一般来说，如果我们得到了坐标 r 与 φ 之间的关系，我们就得到了**轨道方程**，比如在研究天体运动问题时，我们就应该求解轨道方程，因为天体轨道是可以通过天文学观测确定下来的。更进一步，如果位置和时间的关系也是可以观测的，我们就应该求出 $r = r(t)$ 以及 $\varphi = \varphi(t)$ 这两个函数。从坐标和时间的关系中，我们还可以得到完成一次完整运动所需要的时间，也就是**周期**。

在另一些问题中，比如粒子碰撞实验中，轨道则不是好的观测量，因为很多情况下我们无法跟踪粒子整个运动径迹。因而我们需要定义另外一些观测量，如**散射截面**或**角分布**等。在诸如碰撞这类实验中，粒子的能量是可以知道的，因此我们可以用能量方程

$$E = \frac{1}{2}m(\dot{r}^2 + r^2\dot{\varphi}^2) + U(r) \tag{2.39}$$

替换方程式（2.36）与式（2.37）中的某一个方程，再进行求解。这样做不但可以直接利用已知守恒量（即能量），还可以将要求解的方程由二阶微分方程变为一阶微分方程。但是在天体运动之类的问题中，则显然并不适合利用能量，因为弄清楚这类运动的总能量并不是件容易的事。

2.2.5　天体运动问题

天体运动问题在物理学（甚至整个科学）研究中具有极其重要的历史地位。正是基于第谷·布拉赫数十年的天文学观测，开普勒才得以总结出他著名的行星运动三定律。而牛顿正是从开普勒三定律中抽象出了万有引力定律，打开了现代物理学研究的大门。

从实验研究（积累原始数据，如第谷的天文观测），到唯象研究（从粗糙的原始数据中发现规律，如开普勒发现行星运动三定律），再到理论研究（猜测出能获得这些规律的形式简洁的原理，如牛顿想出万有引力定律），最后再用理论预言新的现象并加以验证（如预言并发现海王星的存在），构成了科学研究的基本路径。

在我们的学习中，我们将从方程式（2.36）与式（2.37）出发，看看如何解释实验数据。我们的实验数据就是开普勒根据第谷的原始数据总结出来的行星运动三定律：

（1）轨道定律：行星绕太阳运动的轨道是一个椭圆，太阳位于椭圆的一个焦点上。

（2）面积定律：行星与太阳之间的连线，在相同的时间内扫过的面积相等（掠面速度为常数）。

（3）周期定律：行星的公转周期 T 的平方与行星轨道半长轴 a 的立方成正比，比例系数对所有绕太阳运动的行星都一样。

2.2.6　行星运动方程

在分析行星运动问题时，我们可以合理地将控制这种运动的力假定为有心力，因为我们根本想不出为什么会有特殊的角度存在。这样我们就可以用有心力的运动方程来求解问题。

由于开普勒第一定律是关于轨道形状的定律，因此我们先来求解**轨道方程**$r(\varphi)$，而不急着求解**运动规律**$r(t)$ 与 $\varphi(t)$。

将方程式（2.37）代入到方程式（2.36）中，整理后可得

$$\frac{p_\varphi^2}{m^2}\frac{1}{r^3} - \frac{1}{m}\frac{\mathrm{d}U(r)}{\mathrm{d}r} - \ddot{r} = 0 \tag{2.40}$$

由于 p_φ 与 m 都不是变量，因此为简单起见引入记号 h，令其为 p_φ/m。

为求轨道方程，我们需要将 r 对 t 的依赖改成对 φ 的依赖

$$\dot{r} = \frac{\mathrm{d}r}{\mathrm{d}t} = \frac{\mathrm{d}r}{\mathrm{d}\varphi}\frac{\mathrm{d}\varphi}{\mathrm{d}t} = \dot{\varphi}\frac{\mathrm{d}r}{\mathrm{d}\varphi} = \frac{h}{r^2}\frac{\mathrm{d}r}{\mathrm{d}\varphi} \tag{2.41}$$

推导中再次用到了方程式（2.37）。这样形式的 $\dot{r}$ 较为复杂。定义一个新变量 u，令其为 $1/r$，则

$$\dot{r} = -h\frac{\mathrm{d}u}{\mathrm{d}\varphi} \tag{2.42}$$

形式上变简单了。接着再求出

$$\ddot{r} = \frac{\mathrm{d}\dot{r}}{\mathrm{d}t} = -h\frac{\mathrm{d}}{\mathrm{d}t}\left(\frac{\mathrm{d}u}{\mathrm{d}\varphi}\right) = -\dot{\varphi}h\frac{\mathrm{d}^2u}{\mathrm{d}\varphi^2} = -h^2u^2\frac{\mathrm{d}^2u}{\mathrm{d}\varphi^2} \tag{2.43}$$

并代入到方程式（2.40）中，整理后可得

$$\frac{\mathrm{d}^2u}{\mathrm{d}\varphi^2} + u = -\frac{1}{h^2}\frac{1}{m}\frac{\mathrm{d}U(r)}{\mathrm{d}1/r} \tag{2.44}$$

方程式 (2.44) 被称为**比耐方程**。求解比耐方程，我们将得到行星绕太阳运动的轨道方程。可我们无法直接从数学上解出比耐方程，因为我们并不知道势能 $U(r)$ 的样子。但是由于我们已经知道方程的解应该是椭圆方程，因此我们可以从这个答案中推测出势能 $U(r)$。

2.2.7　圆锥曲线方程

开普勒第一定律告诉我们行星在椭圆轨道上运动，并且太阳在椭圆的一个焦点上。所以我们首先需要写出这个轨道方程。

数学上，椭圆属于圆锥曲线①的一种。极坐标系中的圆锥曲线方程可以一般性地写为

$$r = \frac{p}{1 + e\cos\varphi} \tag{2.45}$$

其中 e 为偏心率，p 为正焦弦长度的一半。根据这两个参数取值不同，这里表示的圆锥曲线分别对应于椭圆、抛物线和双曲线，具体见表 2.1。顺便指出，若在某外场下物体运动轨道为双曲线，则根据外场提供的是引力或斥力，轨道会位于焦点同侧分支或焦点的另一侧分支上。

表 2.1　不同圆锥曲线的参数关系

曲线类型	$e < 1$ 椭圆	$e = 1$ 抛物线	$e > 1$ 双曲线
曲线参数	半长轴：$\dfrac{p}{1-e^2}$ 半焦距：$\dfrac{ep}{1-e^2}$	焦点参数：p	半实轴：$\dfrac{p}{e^2-1}$ 半焦距：$\dfrac{ep}{e^2-1}$

2.2.8　运动方程与开普勒定律

将椭圆方程式（2.45）(取 $e < 1$) 代入比耐方程式（2.44）中，方程左边得

$$\frac{\mathrm{d}^2 u}{\mathrm{d}\varphi^2} + u = -\frac{1}{p}e\cos\varphi + \frac{1}{p}(1 + e\cos\varphi) = \frac{1}{p} \tag{2.46}$$

其结果是个常数。

左边是个常数意味着

$$-\frac{1}{h^2}\frac{1}{m}\frac{\mathrm{d}U(r)}{\mathrm{d}1/r} = \frac{1}{p} \tag{2.47}$$

---

① 圆、椭圆、抛物线和双曲线这些平面曲线都可看作是从圆锥的剖面上获得的，因此可被统一称作**圆锥曲线**。更数学化一点来说，平面上到某确定点的距离与到某确定直线的距离之比为常数（用 e 代表）的全部点构成的曲线被称为圆锥曲线，其中定点被称为焦点，定直线被称为准线，e 被称为偏心率。

很明显

$$U(r) = -\frac{h^2m}{p}\frac{1}{r} \tag{2.48}$$

由于势能只与位置有关，因此在上式中我们扔掉了积分时出现的常数。

到了这里，已得出了结论：一个**反比于行星与太阳距离**的场主宰着行星运动。如果用力的概念来说的话，这样的场对应的就是平方反比力[①]。在这个势能公式中有三个常数，即行星质量 m，一个同轨道形状有关的常数 p（可通过实验数据知道其值）以及守恒量 p_φ（体现在我们定义的简写符号 h 中），看起来常数有点过多。我们先把这个常量放在一边，继续看看如何解释开普勒的其他定律。

开普勒第二定律非常好解释。对一个椭圆轨道来说，在一个很小的时间 Δt 内太阳与行星的连线扫过的面积 ΔS 近似于一个三角形。这个三角形的高就是 r，底边长近似等于弧长 $r\Delta\varphi$。因此有

$$\Delta S = \frac{1}{2}r(r\Delta\varphi) \tag{2.49}$$

因此掠过的面积随时间的变化率，即掠面速度为

$$\frac{\mathrm{d}S}{\mathrm{d}t} = \lim_{\Delta t\to 0}\frac{\Delta S}{\Delta t} = \frac{1}{2}r^2\lim_{\Delta t\to 0}\frac{\Delta\varphi}{\Delta t} = \frac{1}{2}r^2\dot\varphi \tag{2.50}$$

这个量为常数正好是我们已知的事情，即方程式（2.37）。因此，只要假定了行星是在太阳产生的有心力场中运动，自然就会得到开普勒第二定律。

为了解释开普勒第三定律，需要再计算一个观测量，即周期 T。周期是最容易观测的一个数据，人类很早就知道了地球绕太阳一年所需的较为准确的时间。在理论上计算周期的时候可以利用在讨论开普勒第二定律时用到的掠面速度。通过掠面速度可以建立周期 T 和轨道几何量面积 S 之间的关系，这样就和开普勒第三定律建立了联系。

根据掠面速度的公式，可以有

$$\mathrm{d}t = \frac{\mathrm{d}S}{1/2r^2\dot\varphi} = \frac{\mathrm{d}S}{1/2h} \tag{2.51}$$

两边直接在一个完整周期内积分可得周期与面积关系，即

---

① 以今天的知识我们当然知道这就是牛顿的万有引力。但在这里我们先装作不知道，因为我们要通过分析学会思考问题的方法。

$$T = \frac{S}{1/2h} \tag{2.52}$$

根据几何学中关于椭圆的知识，知道 $S = \pi ab$，其中 a 与 b 分别为椭圆的半长轴长度和半短轴长度[①]。利用椭圆方程式（2.45）的形式，可知

$$a = \frac{p}{1 - e^2} \tag{2.53}$$

$$b = \frac{p}{\sqrt{1 - e^2}} \tag{2.54}$$

这意味着

$$b = a^{\frac{1}{2}} p^{\frac{1}{2}} \tag{2.55}$$

于是得到面积 $S = \pi a^{3/2} p^{1/2}$，代入周期与面积关系式 (2.52) 中得

$$T = \frac{\pi a^{3/2} p^{1/2}}{1/2h} \tag{2.56}$$

整理即得开普勒第三定律的形式

$$\frac{T^2}{a^3} = \frac{4\pi^2 p}{h^2} \tag{2.57}$$

承认开普勒第三定律意味着

$$\frac{4\pi^2 p}{h^2} = 常数 \tag{2.58}$$

这是一个十分重要的结论，它的重要性必须要和我们讨论的势能的形式结合起来才能看出来。把式 (2.58) 代入由开普勒第一定律得到的势能形式即公式（2.48）中，我们得到

$$U(r) = -\frac{4\pi^2 m}{r} \times 常数 \tag{2.59}$$

这里的"常数"的意思是**与行星自身无关的数**。也就是说，太阳系中的每一颗行星受到太阳影响大小之差别仅取决于不同行星质量之差别。

---

① 椭圆的面积可以在极坐标下用圆锥曲线方程积分得到，即对 $\mathrm{d}S = \frac{1}{2} rr\mathrm{d}\varphi$ 在 $0 \sim 2\pi$ 积分。这一积分可用来练习留数定理。

那么这个常数应该是什么数，或者说由哪些**物理量**构成呢？一个很合理的猜测是它与太阳的质量有关。因为太阳系中的运动当然与太阳有关，关于太阳，我们能想到的物理量就是其体积、质量、密度以及发光强度等。这些物理量中出现在力学体系的运动方程中（不管是牛顿力学还是拉格朗日力学）就只有质量，所以可很合理地猜测这里的常数与太阳质量有关。

考虑到物体之间的地位应该是平等的，没有什么特殊的理由使太阳影响地球的方式与地球影响太阳的方式不一样，我们可以合理地假定势能也应正比于太阳质量，正如势能正比于行星质量。总而言之，可以将公式（2.59）一般性地写成

$$U(r) = -\frac{GMm}{r} \tag{2.60}$$

其中 M 为太阳质量，G 为比例常数，被称为万有引力常数。写成力的形式即为

$$\boldsymbol{F} = -\nabla U(r) = -\frac{GMm}{r^2}\boldsymbol{e_r} \tag{2.61}$$

即牛顿万有引力公式。此时我们知道开普勒第三定律中的比例系数为 $4\pi^2/GM$。

一旦得到这个公式，很自然地就会猜想这个公式对于所有的物体都适用。牛顿就是这么做的，因此他将这个力称为万有引力。地球上两个物体之间的万有引力非常小，以至于我们大部分情况下只能通过天体运动来研究它，因为只有天体能提供足够大的质量使得这个力看起来不小，而地面上的一切常见事物彼此之间都不会因为引力而显现出可观测到的吸引效果，比如两辆汽车绝不会因为万有引力而彼此靠近。如果想要在实验室里研究万有引力，那么就要设计非常精巧能够排除各种干扰的实验装置，如卡文迪许扭秤实验的装置。

关于万有引力公式我们还要指出的是，之所以它表现为距离平方反比的形式，是因为它代表着"源"所产生的"场"的影响。这一点完全类似于电磁学中的高斯定律。由于我们生活在三维世界，因而球面的面积为 $4\pi r^2$，因而"源"在位置 r 处的影响反比于 r^2（源的影响要平分到整个球面上）。

如果实验表明万有引力定律的平方反比这一特征在某一尺度上失效，那么则可能意味着空间的维数不是三维。出乎大众意料的事情是，关于平方反比律的验证目前只能做到亚毫米尺度，也就是说我们目前只知道在差

不多 10^{-4}m 的尺度上，万有引力定律还是正确的。在更小的尺度上，万有引力定律是否还如公式（2.61）那样，人们并不知道。

2.3 α粒子散射实验

1909 年，盖革和马斯登在卢瑟福的指导下进行了 α 粒子[1]散射实验。在实验中，他们用 α 粒子轰击微米厚度的金箔并观测 α 粒子的散射情况。他们发现，大部分 α 粒子直接穿过了金箔，但有一部分 α 粒子的运动方向发生了较大角度的偏转，极少数（约 1/8000）α 粒子运动方向的偏转超过了 90°，甚至个别 α 粒子被弹回。根据这样的实验结果，卢瑟福猜测原子的绝大部分质量应该集中在极小的带正电的"核"上，核外则围绕着带负电的电子以保证整个原子为电中性。

卢瑟福的 α 粒子散射实验不但帮助当时的人们建立了相对正确的原子模型[2]，同时还开创了用粒子碰撞研究微观物质结构的方法。通过粒子碰撞实验，人类认识到物质是由原子组成的，而原子是由原子核和核外电子组成的；原子核则是由质子和中子组成的，质子和中子又是由夸克组成的；除以上基本粒子外，自然界中还存在着其他基本粒子，如 $W^{\pm}$ 粒子、Z 粒子、希格斯粒子等。用粒子碰撞实验探索微观世界的基本组成及其相互作用是人类目前仅有的认识世界最基本结构的方法，因此我们在本章简要地介绍这类实验的部分基本概念。

粒子碰撞实验根据散射粒子的方式不同，可以简单地分成两大类：弹性散射和非弹性散射。弹性散射指的是粒子的种类在碰撞前后没有发生改变的散射过程；而非弹性散射指的是碰撞前后粒子种类发生改变的散射过程。在本门课程中，我们不探讨相互作用改变粒子种类，因此只讨论弹性散射。

2.3.1 运动方程

实验上，人们没有能力将两个单独的粒子聚焦到指定轨道上运动并使之碰撞。人们真正做的事情是将大量的粒子聚焦到一个较小的范围内，用加速器（通常是电场）对其（因而参与碰撞的粒子是带电粒子）加速，使之朝着相同的方向运动并使之撞击到另外的粒子。被撞击的粒子可以处于

---

[1] α 粒子就是氦的原子核，带两个单位正电荷，质量约为氢原子质量的 4 倍。除此之外，在原子物理中我们还常看到 β 射线和 γ 射线的说法。β 射线指的是电子射线。原子物理中常提到的 β 衰变指的就是中子通过弱相互作用衰变为质子、电子和中微子的过程。γ 射线指的是能量较高的光子，或者说波长小于 0.1nm 的电磁波。

[2] 更正确的原子模型需要用量子理论表述。

运动状态，如迎面飞来然后两束粒子碰撞；也可以处于静止状态等着被撞击。前者称为对撞实验，后者称为打靶实验。

粒子总是被引导到探测器内碰撞，碰撞后的产物打到探测器上，探测器鉴别出打入粒子的种类和动量等性质。人们根据打入探测器的粒子的动量等特征，根据动量或能量守恒等条件，判断出哪些打入的粒子来自于同一次碰撞事件。同一次碰撞被观测到的所有粒子种类及动量等信息构成一个"事例"。通过记下不同事例的数目，从而计算出特定事例出现的概率，人们从中可以得到一些关于导致碰撞的微观相互作用的信息。

α粒子散射实验是人类进行的第一个粒子碰撞实验。在讨论这个实验之前，我们先来看一下关于碰撞实验中运动学问题以及可能的观测量的一般性描述。我们所有的讨论都基于相互作用为有心力这一假定，因为目前已知的基本相互作用都具有这个特征。

从某一个要被撞击的粒子的视角看，这个粒子是在一个有心势场的作用下发生了运动的改变，这种改变就是所谓的碰撞。因此在分析碰撞问题时，我们可以先分析一个粒子在有心势场中的运动情况。然后再推广到很多粒子，研究在这类实验上能够测量什么样的物理量。

在天体运动的部分中，我们已经探讨过有心力问题。这类问题可以用两个运动方程描述：

$$mr\dot{\varphi}^2 - \frac{\mathrm{d}U(r)}{\mathrm{d}r} - m\ddot{r} = 0 \tag{2.62}$$

$$mr^2\dot{\varphi} = p_\varphi = 常数 \tag{2.63}$$

与天体运动问题不同，粒子散射实验需要用到的物理量一般不是轨道、周期等物理量。这是因为实验上人们没办法跟踪单独的粒子，研究它在整个过程中的情况。但是一般来说，要被碰撞的粒子在初始时刻具有的能量是已知量，因为人们很容易控制粒子的加速过程，总可以把粒子加速到加速器能力范围内的能量上。在质点碰撞的过程中，由于没有额外的能量被带走，因而整个过程能量守恒。我们可以用能量方程

$$E = \frac{1}{2}m(\dot{r}^2 + r^2\dot{\varphi}^2) + U(r) \tag{2.64}$$

替换掉一个运动方程。这样做的好处是将一个实验上确定的量引入了方程，而且能量方程是一个一阶方程，相比于运动方程中 r 部分的二阶方程简单一些。将角动量 p_φ 守恒方程代入能量方程，我们有

$$E = \frac{1}{2}m\left(\dot{r}^2 + \frac{p_\varphi^2}{m^2r^2}\right) + U(r) \tag{2.65}$$

从这个方程中可直接得到 $\dot{r}$ 的表达式

$$\dot{r} = \frac{\mathrm{d}r}{\mathrm{d}t} = \sqrt{\frac{2}{m}\left(E - U(r) - \frac{p_\varphi^2}{2mr^2}\right)} \tag{2.66}$$

在进一步求解之前，我们分析一下此类运动的界限和周期性问题。

2.3.2 有心力下运动轨道的封闭性

由于能量方程中只有一个坐标量 r，因此我们可以定义一个有效势

$$U_{\text{有效}}(r) = U(r) + \frac{p_\varphi^2}{2mr^2} \tag{2.67}$$

从而将能量写成

$$E = \frac{1}{2}m\dot{r}^2 + U_{\text{有效}}(r) \tag{2.68}$$

的形式。这样的话，我们可以将径向分量的运动想象成是某种一维运动，只有 r 一个维度的运动。

1. r 的边界

当径向速度为零，即 $\dot{r} = 0$，有

$$E = U(r) + \frac{p_\varphi^2}{2mr^2} \tag{2.69}$$

求解这个方程，我们将得到 r 的最大值和（或）最小值。注意，r 这个维度上的速度为零（$\dot{r} = 0$）时，我们真正要研究的有心力下的质点运动并没有停止，因为 $\dot{\varphi}$ 并不为零，还有转动存在。由于运动没有停止，r 的数值将继续变化。因而，经过 $\dot{r} = 0$ 的位置后，$\dot{r}$ 由正变负或者由负变正。相应地，r 的数值将由最大变小或者由最小变大，这就是我们说求解上面的方程将得到 r 的最大（或最小）值的原因。

若 r 只有一个解，该解就是最小值，那么我们所研究的势场 $U(r)$ 中的运动就是**无界运动**。这种情况下 r 可以取无穷大，代表的运动是粒子从无穷远来，到达最小值点后又去往无穷远（可以与初始无穷远不同方向）。我们讨论的粒子散射就是这种情况。

若 r 既有最小值又有最大值，那么我们所研究的运动就是**有界运动**。这时的 r 不可以取无穷大，运动被限定在特定区域内。前面讨论过的天体运动就是这种情况。

不存在 r 只有最大值的情况。只有最大值意味着 r 可以无限逼近零点，而这是不可能的。无论实际的势场 $U(r)$ 是什么样子，有效势中都有 $p_\varphi^2/2mr^2$ 项，该项在 r 趋近于零的时候趋向于无限大。无限大的有效势无法保持能量为常数。人们一般称物理理论中出现的无限大项为发散项。由于在实验上我们并没有观测到无限大的物理量，因此理论中出现无限大的时候，人们一般会认为理论自身有某种问题或者局限性。我们可以把出现无限大的情况当成是理论失效的条件。比如描述两个点电荷之间相互作用力的库仑定律是一个距离平方反比率，因而当点电荷（不论是带正电还是负电）之间的距离趋近于零时就出现了无限大。对于这种情况，我们应当将其视为理论本身不再正确，或者说不再适合描述特定的物理现象。人们总是通过有限尺度内的实验总结出类似于库仑定律这样的物理规律，因而我们不能自然地认为这样的定律应该在整个公式自身允许的范围内都是成立的。我们并不是总能够清楚地指出理论的适用范围到底是什么，那需要实验来告诉我们。

2. 有界运动轨道的封闭性

对于有界运动，我们还可以进一步分析运动轨道是否闭合。但是在研究碰撞问题时无法真的直接探测其轨道，也无法研究与周期有关的问题。粒子太小，我们没法跟踪单个粒子。此类实验都是大量粒子进行对撞，因而我们根本不知道一次单独的对撞事件究竟经历了多少时间。但是粒子发生散射后产生的偏转角度是能够确定下来的。因此，利用

$$\dot{\varphi} = \frac{p_\varphi}{mr^2} \tag{2.70}$$

我们有

$$\dot{r} = \frac{\mathrm{d}r}{\mathrm{d}t} = \frac{\mathrm{d}r}{\mathrm{d}\varphi}\dot{\varphi} = \frac{\mathrm{d}r}{\mathrm{d}\varphi}\frac{p_\varphi}{mr^2} \tag{2.71}$$

再代入到能量表示的 $\dot{r}$，即式（2.66），有

$$\mathrm{d}\varphi = \frac{\frac{p_\varphi}{r^2}\mathrm{d}r}{\sqrt{2m(E - U(r)) - p_\varphi^2/r^2}} \tag{2.72}$$

在 r 变小或变大的过程中，轨道可能是不闭合的。计算一次完整的从

最大到最小,再到最大过程的变化角度,我们有

$$\Delta\varphi = 2\int_{r_{最小}}^{r_{最大}} \frac{\frac{p_\varphi}{r^2}\mathrm{d}r}{\sqrt{2m(E-U(r))-p_\varphi^2/r^2}} \tag{2.73}$$

只有当 $\Delta\varphi$ 为 2π 的有理数倍,即 $\Delta\varphi = 2\pi m/n$(其中 m 与 n 为整数),轨道才是闭合的。这里描述的是经过 n 个周期,转动 m 圈后轨道闭合,之后重复这一周期性过程。

2.3.3 α 粒子散射实验

了解了轨道的性质,我们回到要讨论的问题上。对于 α 粒子散射实验来说,初始状态时的 r 是无穷大。无穷大是相对于散射本身来说的。由于原子非常小(10^{-10} m 量级),相比之下实验室尺度都至少是原子尺寸的百亿倍,因此我们说 r 是无穷大。

正如前面讲过的,我们不能直接研究每个散射粒子的轨迹,只能用散射后粒子的偏转来研究,如图 2.1 所示。我们首先定义偏转角

$$\chi = |\pi - 2\varphi_0| \tag{2.74}$$

其中

$$\varphi_0 = \int_{r_{最小}}^{\infty} \frac{\frac{p_\varphi}{r^2}\mathrm{d}r}{\sqrt{2m[E-U(r)]-p_\varphi^2/r^2}} \tag{2.75}$$

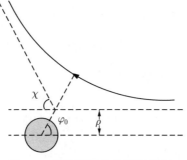

图 2.1 散射过程的角度示意图

根据初始情况,可将 E 与 p_φ 用其他量确定。初始粒子的速度是我们能够控制的,我们将这个速度 v_∞ 当成一个已知量。在卢瑟福的年代,他们利用放射性获得具有初速度的 α 粒子,这些来自同一个源的 α 粒子初速度

较为接近。今天的粒子实验则主要通过加速器把带电粒子加速到特定的能量后再引导进入对撞过程，初速度控制得更为准确。除初速度外，还需要另一个量，一般选取为**瞄准距离**（或称碰撞参数），即每个入射粒子相对于靶粒子的横向距离。初速度 v_∞ 与瞄准距离 ρ 可将能量和角动量定下来

$$E = \frac{1}{2}mv_\infty^2; \quad p_\varphi = \rho m v_\infty \qquad (2.76)$$

对于每个粒子来说，ρ 是不同的，我们也没法直接测量它。但是瞄准距离仍是我们能了解的，以概率的方式了解。很容易明白，出射粒子的偏转角与该粒子入射时瞄准距离有关。很明显，瞄准距离越大（越不准），入射粒子就越不容易偏转。在 χ 到 $\chi + \mathrm{d}\chi$ 内的出射粒子数 $\mathrm{d}N$ 将等于在 ρ 到 $\rho + \mathrm{d}\rho$ 内的入射粒子数，二者是一一对应的关系，因此

$$\mathrm{d}N = 2\pi n \rho \mathrm{d}\rho \qquad (2.77)$$

其中 n 为入射粒子面密度，这里用到了环形的面积公式。我们看到，入射粒子面密度 n 越大，同样面积下入射粒子越多，因而出射粒子越多，即 $\mathrm{d}N$ 正比于 n，将正比关系写为

$$\mathrm{d}N = n\mathrm{d}\sigma \qquad (2.78)$$

其中比例系数 $\mathrm{d}\sigma$ 被称为**微分散射截面**，积分后得到 σ 即为**总散射截面**。散射截面代表的是微观的动力学影响，即由微观的相互作用决定的散射发生的可能性。由于 n 是面积倒数的量纲，因而 σ 具有面积量纲，所以被称为散射截面。

由式 (2.77) 和式 (2.78)，有

$$\mathrm{d}\sigma = 2\pi \rho \mathrm{d}\rho \qquad (2.79)$$

由于 ρ 与 χ 有一一对应关系，因而

$$\mathrm{d}\sigma = 2\pi \rho(\chi) \left| \frac{\mathrm{d}\rho(\chi)}{\mathrm{d}\chi} \right| \mathrm{d}\chi \qquad (2.80)$$

不积分方位角的话，则

$$\mathrm{d}\sigma = \frac{\rho(\chi)}{\sin\chi} \left| \frac{\mathrm{d}\rho(\chi)}{\mathrm{d}\chi} \right| \mathrm{d}\Omega \qquad (2.81)$$

其中立体角微元 $\mathrm{d}\Omega$ 等于 $2\pi \sin\chi \mathrm{d}\chi$。

实验上要做的主要是数数，即数出不同偏转角区间 $\Delta\chi$ 内的粒子数 ΔN。实验学家做的事就是以 χ 为横轴，以 N 为纵轴，在直角坐标纸上画出柱状图来分析。柱状图的宽度 $\Delta\chi$，高度就是 ΔN。$\Delta\chi$ 越小，分辨率越高，能提供的信息就越多。

而理论上要做的就是算出 $\mathrm{d}N/\mathrm{d}\chi$，根据上面公式简单推导我们可得

$$\frac{\mathrm{d}N}{\mathrm{d}\chi} = n\frac{\mathrm{d}\sigma}{\mathrm{d}\chi} = 2\pi n\rho(\chi)\left|\frac{\mathrm{d}\rho(\chi)}{\mathrm{d}\chi}\right| \tag{2.82}$$

对造成散射的微观相互作用进行一定假设（如假设为库仑场中的相互作用），理论计算出上面的结果，特别是微分散射截面 $\mathrm{d}\sigma$，我们就可以将理论计算与实验对比，判断我们的理论模型对不对。若差别较大，就调整模型，重新计算，直到获得能够比较好地符合实验结果的理论模型，这样我们就有了对微观相互作用机制的认识。这就是对撞实验的手段与目的。

2.3.4　卢瑟福截面公式

在卢瑟福实验中，假定微观相互作用就是库仑场中的相互作用，最后他得到了与实验相符的结果，并进而提出了原子的核结构模型。

库仑场中的相互作用，即 $U(r)$ 为 $-2Z\alpha/r$ 的相互作用。其中 α 等于 $e^2/4\pi$ 被称为精细结构常数[①]，其中 e 为基本电荷，2 为氦原子的原子序数，Z 则代表被轰击原子的原子序数。将库仑势 $U(r)$ 代入到 φ_0 的积分：

$$\varphi_0 = \int_{r_{最小}}^{\infty} \frac{\frac{p_\varphi}{r^2}\mathrm{d}r}{\sqrt{2m\left[E + \frac{2Z\alpha}{r}\right] - p_\varphi^2/r^2}} \tag{2.83}$$

---

① 这样说不准确。实际上精细结构常数的定义为

$$\alpha = \frac{e^2}{4\pi\hbar c} \quad 或 \quad \frac{e^2}{4\pi\varepsilon_0\hbar c}$$

其中 $\hbar$ 为约化普朗克常量，c 为光速。这里两个表达式前者对应本书中常用的洛伦兹-亥维赛单位制，后者对应国际单位制。精细结构常数约为 $1/137$。因此，这里使用的

$$\alpha = \frac{e^2}{4\pi} = \frac{\hbar c}{137}$$

但因为 $\hbar$ 与 c 只是常量，所以本书或其他一些文献中会只将 $e^2/4\pi$ 称为精细结构常数，这相当于选取了

$$\hbar = c = 1$$

的单位制，这种单位制被称为**自然单位制**。用这种单位制算出结果后，再根据量纲将各种物理量上需要的常数 $\hbar$ 与 c 补回。

其中 $p_\varphi = \rho m v_\infty$ 为角动量。这里的 $r_{最小}$ 可利用初始时刻与到达 φ_0 时（此时无径向速度）能量相等得到，即令

$$\frac{1}{2}mv_\infty^2 = -\frac{2Z\alpha}{r_{最小}} + \frac{m^2\rho^2 v_\infty^2}{2mr_{最小}^2} \tag{2.84}$$

得到积分下限

$$r_{最小} = \rho\left(\sqrt{1+\left(\frac{2Z\alpha}{mv_\infty^2\rho}\right)^2} - \frac{2Z\alpha}{mv_\infty^2\rho}\right) \tag{2.85}$$

积分得到

$$\varphi_0 = \frac{\pi}{2} + \arcsin\frac{\dfrac{2Z\alpha}{mv_\infty^2\rho}}{\sqrt{1+\left(\dfrac{2Z\alpha}{mv_\infty^2\rho}\right)^2}} = \arccos\frac{-\dfrac{2Z\alpha}{mv_\infty^2\rho}}{\sqrt{1+\left(\dfrac{2Z\alpha}{mv_\infty^2\rho}\right)^2}} \tag{2.86}$$

从 φ_0 表达式可得到截面公式。截面需要用瞄准距离 ρ 或偏转角 χ 表示，我们可直接从 φ_0 表达式得到

$$\rho^2 = \left(\frac{2Z\alpha}{mv_\infty^2}\right)^2\tan^2\varphi_0 = \left(\frac{2Z\alpha}{mv_\infty^2}\right)^2\cot^2\frac{\chi}{2} \tag{2.87}$$

代入到截面公式，我们得到

$$d\sigma = \left(\frac{2Z\alpha}{2mv_\infty^2}\right)^2\frac{d\Omega}{\sin^4\frac{\chi}{2}} \tag{2.88}$$

这一公式被称为**卢瑟福公式**。前面我们曾经讲过，实验上做的事情是数数。数出不同偏转角度间隔内的散射粒子数，并将数目随角度变化的关系画在坐标纸上，得到的就是微分散射截面结果，可以与理论上计算的结果对比。总截面就是把所有数到的被散射粒子数加在一起。当然，要想从截面公式得到被散射粒子数（理论计算），或者从实验数据（数到的被散射粒子数）中抽取出来截面的大小，都需要知道实验的设置情况，即需要知道入射粒子的信息，如多长时间内能射入多少粒子这样的信息。另外还要指出的是，公式中的 $2Z\alpha$ 代表微观相互作用。截面不依赖于 $2Z\alpha$ 的正负，因而无论是引力还是斥力，计算结果都是一样的。

2.3.5　α 粒子散射实验与卢瑟福公式的影响

卢瑟福通过 α 粒子散射实验确认了原子的核结构，带领人类进入了原子时代。除直接导致核结构的确立，这一实验与公式对人们后续探索微观世界影响深远。

今天的人们已经对微观世界有了更为深入的认识。物理学家们通过实验了解到，世界是由原子组成的，原子是由原子核和核外电子组成的，原子核是由质子和中子组成的，而质子和中子又是由六种夸克组成的。电子还有质量不同但性质完全类似的两个"兄弟"，分别被称为 μ 子和 τ 子。夸克与电子及其兄弟粒子被称为基本粒子，即在目前的认知程度内被看作没有内部结构的粒子。这些粒子可以通过相互作用互相转化，比如中子可以衰变成质子、电子和一种被称为中微子的粒子。中微子像电子及其兄弟一样也有三种，中微子也是基本粒子。电子弟兄与中微子被合称为轻子。轻子与夸克是这个世界的基石，它们通过交换一类被称为**规范玻色子**的基本粒子实现相互作用。在微观层次上，基本的相互作用只有三种，即电磁相互作用、弱相互作用和强相互作用，不同的相互作用交换不同的规范玻色子。我们熟知的电磁相互作用通过交换光子来实现相互作用。使中子变为质子、电子和中微子的相互作用被称为弱相互作用，它通过交换名为 W^+、W^- 与 Z 的三种规范玻色子实现相互作用。将夸克束缚成质子和中子，同时也是将质子与中子束缚在原子核内的力被称为强相互作用力，它通过交换被称为胶子的粒子来实现相互作用。另外，还有一种扮演特殊角色的基本粒子被称为希格斯玻色子。这些粒子及其相互作用共同构成了粒子物理的标准模型。标准模型代表着人类对微观世界最深入的认识。

人们对微观世界的认识就是靠着从卢瑟福开始的粒子对撞实验。通过粒子对撞来探索微观世界的基本组成及其相互作用是今天的物理学家们仅有的探索微观世界的手段。今天的实验学家们先通过加速器将要对撞的粒子，如质子、电子等，加速到非常接近光速的水平上，再将这些高能粒子导入到探测器内，在探测器内实现对撞，然后通过探测对撞后的产物探索微观世界的组成及其相互作用。

虽然现代的粒子散射实验基本类似于卢瑟福实验，但有关的观测量更为复杂。之所以有这种复杂性主要是因为研究的过程一般为**非弹性碰撞**，即入射和出射的粒子的种类与个数可能都不同的碰撞过程，而不是卢瑟福实验这种碰撞前后粒子本身无变化的弹性碰撞。不过这类实验处理问题的大致过程类似，而且都关心代表着微观相互作用的散射截面 σ。

在本节的最后，需要特别指出的是，我们这里的计算只是出于教学目的而进行的计算，为了展示如何利用拉格朗日力学进行有心力问题的分析以及引入对现代物理十分重要的散射截面的概念，而这些计算本身的意义很小。这是因为在原子层面上，宏观的力学框架已不再是描述相应现象的正确物理理论，基于力和位矢的经典力学需要被量子力学替换。在量子理论的框架下，我们才能给出更准确、更符合实验的计算。

同样也需要指出的是，以位矢为自由度的拉格朗日经典力学描述虽然应该被量子理论替换，但作为理论语言框架的拉格朗日理论仍然可用于量子系统，只需要将表述拉格朗日量的自由度换成量子系统的自由度，比如换成量子场论的量子场[1]。在进行理论力学学习时，我们特别关心的是学习拉格朗日力学本身，而不是其处理经典力学的能力。

习题

2.1 对于质量为 m，摆长为 l 的单摆系统，在摆角很小的情况下（微振动系统），（1）写出单摆问题的拉格朗日量；（2）得出相应的运动方程；（3）求出该方程通解；（4）求出该系统能量；（5）给出运动周期。

2.2 处理谐振子问题时常用因式分解（$a^2 + b^2 = (a - \mathrm{i}b)(a + \mathrm{i}b)$）的方法。对谐振子方程的左侧算符 $\mathrm{d}^2/\mathrm{d}t^2 + \omega^2$ 进行因式分解，并将形如 $(a+\mathrm{i}b)x$ 的部分重新定义成一个新的变量 y，则原方程降阶成了关于 y 的一阶微分方程。求出这个关于 y 的一阶微分方程，再将得到的 $y(t)$ 代回到 x 与 y 的方程（仍是一阶微分方程），算出最后的结果。

按上述方式，重新计算有外力 $F(t)$ 持续作用时的振动方程，得到通解 $x_\text{通}(t)$。

2.3 假定已知势能形式为式（2.60），从式（2.36）与式（2.37）出发，证明其轨道方程满足开普勒三定律。

2.4 对卢瑟福公式积分，计算出总截面，看看能发现什么问题，试回答这一问题是什么原因造成的。

---

[1] 在大学阶段学习的量子力学课程一般指的是关于核外电子的量子理论。若想讨论微观粒子的产生和湮灭、粒子对撞这些内容，则需要学习关于散射的量子理论，即量子场论。

第 3 章　非质点模型

在前面的章节中，所有处理过的问题讨论的都是忽略了物体形状与大小的质点模型。质点模型虽然可以帮助我们理解和简化很多物理问题，但是在更多的力学问题中它不是一个适用的模型。在本章的学习中，我们将探讨两种非质点模型（刚体和流体）的力学，即**刚体力学**和**流体力学**。

这两种模型都是较为贴近现实物理世界的力学模型，用这两类模型可以处理大量的力学问题。这两种力学各自都包含着繁杂的技术细节与内容丰富的物理分析，各自都是一个单独的学科。在本门课程的学习中，我们无法全面讲解这两门力学，本章只做引导性介绍，了解与其有关的基本概念、基本方程与物理图像，这些内容将从多方面扩展我们对物理的认识。

3.1　刚体力学

刚体指的是由多个质点组成且其中任意两个质点间距离保持不变的物理模型。若有一个物体，它在我们所研究的物理过程中形状起作用，但不发生形变，我们就将其称为刚体。

同质点模型类似，刚体也是一个理想的抽象模型。正如大自然中不存在符合质点定义的物体，大自然中也不存在符合刚体定义的物体。但是我们可以将很多物体近似看作是刚体，只要它在我们研究的物理过程中形变小到可以忽略。比如，当我们研究一个杯子从桌子上掉到地上的过程时，在杯子摔碎之前我们就可以把杯子当成一个刚体。

3.1.1　刚体运动的描述

由于刚体有形状，因而不能像质点一样简单地用三个坐标描述它的位置。但是它也并不像普通的 N 个质点的系统那样，需要用 $3N$ 个坐标才能描述。我们需要根据刚体的形状特点讨论刚体的自由度。最基础的形状特点就是刚体的维度。

在我们熟悉的质点模型中，质点没有大小，只是一个点。点是零维的研究对象，其在三维空间中的位置需要三个坐标来描述，自由度为 3。

比质点复杂点的研究对象是一维物体。两个质点或者在一条线上的很多个质点，若每对质点间距保持不变，这样的研究对象就是一维刚体。一维刚体就是空间中的一条线，或者说是一根弦，这也是最简单的刚体模型。三维空间中的一条线，其位置可以用一个代表点的位置和这条线在空间中的方向描述。代表点代表着这条线作为一个整体的位置，比如我们可以选刚体质心作代表点，也可以选端点或其他的点作代表点。三维空间中一个点的位置需要三个坐标来描述。为说明线上除代表点外的其他点的位置，我们还需要知道这条线的方向。描述三维空间中的方向需要两个坐标，比如球坐标系中的极角与方位角。有了这五个坐标，我们就知道了这条线（或者说这个一维刚体）上每一个点在空间中的位置。因此，一维刚体的自由度是 5。

二维物体就是一个没有厚度的面。若构成一个刚体的所有质点都在一个平面内，这个刚体就是二维刚体。同样地，描述二维刚体我们也利用代表点，先给出代表点的位置，即三个坐标。此外，我们还需要知道这个面在空间中的相对方向。虽然面是二维的，但它的方向仍是只需要两个坐标即可描述。我们可以将面的方向规定为垂直于面的线的方向。需要注意的是，要明确直线以何种方式垂直于面，即规定好面的正反。对于二维刚体来说，只有代表点的位置和面的方向还不能完整描述刚体上每个质点的位置，因为面还可以在不改变代表点位置和面的指向的情况下绕着穿过代表点且垂直于面的线转动，这将改变面上除代表点外其他点的位置。因此，我们还需要一个角度以锁定每个点的位置。所以，描述一个二维刚体需要六个坐标，三个用于描述代表点的位置，两个用于描述面的方向，一个用于锁定转动角度，即二维刚体的自由度是 6。

三维刚体就是我们真正感兴趣的刚体了，也是最符合物理现实的实体。三维刚体虽然可以有各种形状，但是描述它的位置并不更复杂。我们同样可以选一个点代表整个刚体的大致位置，因而需要三个坐标。三维刚体有形状，因此我们可以规定好它在空间中的相对方向，比如以某一条穿过代表点的线代表刚体的方向。同样地，由于整个刚体可以绕着这条使代表点位置和刚体方向不变的线转动因而改变其他点的位置，我们还需要一个角度锁定每一个点的相对位置。一旦清楚了这六个坐标，我们就清楚了刚体上每一个点的具体位置，也就完整描述了这个刚体在空间中的位置。所以，我们说三维刚体的自由度也是 6。

弄清了刚体的自由度，我们来看看如何描述刚体的运动。我们直接讨论三维刚体。

3.1.2　平动与转动

用以描述刚体方向的两个坐标和描述绕轴转动的一个坐标,完整地描述了刚体绕着代表点的转动,刚体绕着代表点的任意转动都可以由三个这样的坐标描述。因而,刚体的六个自由度被分成两类,一类描述刚体代表点的运动,这种运动我们称为**平动**;另一类描述刚体绕代表点的运动,我们称之为**转动**。

讨论运动要有坐标系。方便起见,描述刚体运动时,人们常选取两个坐标系。一个是根据外界环境定义的坐标系,我们称其为**固定坐标系**或**实验室坐标系**(实验室系),记为 $OXYZ$;另一个坐标系是固定在刚体上随着刚体一起运动的坐标系,我们称其为**动坐标系**或**刚体坐标系**(刚体系),记为 $Oxyz$。在后面的讨论中,所用的符号以大写黑体代表实验室系中的矢量,小写黑体代表刚体系中的矢量。由于我们总是在实验室里做实验,各种结果都是相对于实验室记录下来的,因此我们最后总要把讨论的内容落实到实验室系以便比对实验结果。之所以还要额外讨论刚体系,是因为它可以简化我们的讨论。

质心是刚体中一个特殊的点,用质心的运动来代表整个刚体的平动比较方便。同样为了简便,我们将刚体系的原点就定在质心上。这样的话,刚体系也可被称为**质心系**。实验室系中,刚体质心的位置矢量 $\boldsymbol{R}_0$ 随时间的变化,就是刚体的平动。

为讨论转动,我们需要讨论刚体中其他非质心质点的运动。刚体中某个质点 P 在刚体系中的位置矢量为 $\boldsymbol{r}$,永远不会变化,因为刚体系就是固连在刚体本身上的参考系。但是刚体可以绕着穿过质心的某个轴转动,转动将使 P 点在实验室系中的位置发生改变。在 $\mathrm{d}t$ 时间内,若刚体绕某个轴转动了无限小角度 $\mathrm{d}\boldsymbol{\phi}$,则根据我们对转动问题的讨论,这种转动在实验室系中产生的位移就是 $\mathrm{d}\boldsymbol{\phi} \times \boldsymbol{r}$。

P 点在实验室系中的位置矢量 $\boldsymbol{R}$ 可表示成刚体质心在实验室系中的位置矢量 $\boldsymbol{R}_0$ 与 P 点在刚体系中的位置矢量 $\boldsymbol{r}$ 的和,即

$$\boldsymbol{R} = \boldsymbol{R}_0 + \boldsymbol{r} \tag{3.1}$$

而其变化也就取决于平动和转动。在 $\mathrm{d}t$ 时间内,平动使刚体质心的位置矢量变化了 $\mathrm{d}\boldsymbol{R}_0$,而转动使 P 点的位置矢量变化了 $\mathrm{d}\boldsymbol{\phi} \times \boldsymbol{r}$,因而

$$\mathrm{d}\boldsymbol{R} = \mathrm{d}\boldsymbol{R}_0 + \mathrm{d}\boldsymbol{\phi} \times \boldsymbol{r} \tag{3.2}$$

式 (3.2) 两边变量同除以时间 dt，得到的就是 P 点在实验室系中的速度

$$V = V_0 + \omega \times r \tag{3.3}$$

其中

$$V = \frac{dR}{dt}, \quad V_0 = \frac{dR_0}{dt}, \quad \omega = \frac{d\phi}{dt} \tag{3.4}$$

分别代表 P 点与质心在实验室系中的速度，以及刚体绕轴转动的角速度。

值得指出的是，在上面的讨论中，我们虽然将刚体系的原点定义在质心，但实际推导时并没用到这一点，这样定义只是为了后面的讨论方便。事实上，角速度矢量 ω 与刚体系的选取无关。假如我们另外定义一个刚体系，新的原点 O' 不再是质心，而是在 $Oxyz$ 系的 a 处。在这个新的刚体系中，P 点位于 r'。很明显

$$r = r' + a \tag{3.5}$$

重复前面的推导，我们能够得到

$$V = V_0' + \omega' \times r' \tag{3.6}$$

其中 V_0' 为新的刚体系原点 O' 的平动速度。由于实验室系中的结果是物理观测量，与如何人为地选取刚体系无关，因而

$$V_0 + \omega \times r = V_0' + \omega' \times r' \tag{3.7}$$

即

$$V_0 + \omega \times a + \omega \times r' = V_0' + \omega' \times r' \tag{3.8}$$

由于 P 点是任意一点，即 r' 可以是任意值，因而式 (3.8) 只有在与 r' 相关项相等的情况下才能成立，即必须有

$$\omega \times r' = \omega' \times r' \tag{3.9}$$

这意味着

$$\omega = \omega' \tag{3.10}$$

这个等式告诉我们，刚体系的角速度矢量 ω 与刚体系如何选取无关，它体现的只是转动的信息，我们完全可以就将 ω 称为刚体的角速度。

但是，作为刚体系中的量，角度 ϕ 与角速度 ω 不方便直接观测，我们需要将其转换成实验室系中的角速度才方便实验研究使用。人们一般用**欧拉角**来描述刚体系相对于实验室系的角度。欧拉角就是方便实验观测的角度，角速度矢量 ω 也可以表示成欧拉角的时间变化率。

3.1.3 欧拉角

欧拉角是在实验室系中定义的能够方便描述刚体转动的三个角度变量。

描述任何一种转动都需要先定义一个方向,用以表示转动轴。在三维空间中表示一个方向需要用到两个独立角度变量。绕着这个转动轴转过的角度大小就是第三个角度变量。由于我们在描述转动时关心的只是转动轴方向,而不是具体的位置,因此可以将实验室系与刚体系的原点选在同一个位置,记为 O 点。刚体系就是 $Oxyz$,实验室系为 $OXYZ$。我们需要一个特殊方向定义转动轴,就将这个方向选为刚体系的 z 轴。因此我们需要将 z 轴的方向在实验室系中用两个独立角度变量(转动轴互相垂直)描述出来,然后定义绕着它转动的角度即可。如图 3.1 所示。

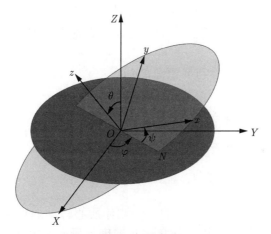

图 3.1 欧拉角

$OXYZ$ 为实验室系,$Oxyz$ 为刚体系。章动角 θ 为 Z 轴与 z 轴的夹角,变动范围从 $0 \sim \pi$;进动角 φ 为 X 轴与节线 ON 的夹角,变动范围从 $0 \sim 2\pi$;自转角 ψ 为 x 轴与节线 ON 的夹角,变动范围从 $0 \sim 2\pi$。

我们首先将 z 轴与 Z 轴的夹角记为 θ,变化方向为从 Z 轴到 z 轴。接着,我们选定一条特殊的线,即 Oxy 平面与 OXY 平面的交线。我们将这条线称为**节线**,记为 ON。利用节线,我们可以再定义两个角度变量,即节线与 OX 轴的夹角,记为 φ,变化的方向为从 X 轴到节线;以及节线与 Ox 轴的夹角,记为 ψ,变化的方向为节线到 x 轴。转动方向的定义依据的是右手螺旋的约定 [1]。

---

① 在讨论转动问题时,我们常常使用左手螺旋定则或右手螺旋定则约定。右手螺旋定则指的是先右手握拳,再竖起拇指,则拇指指的方向就是转动轴的指向,而其余四根手指的环绕方向则是转动方向。左手螺旋定则同理。

由于 z 轴垂直于节线所在的 Oxy 平面，因而 z 轴垂直于节线；同样，Z 轴也垂直于节线。节线同时垂直于 z 轴与 Z 轴，所以节线就是这两个轴夹角 θ 的转动轴。显然，φ 的转动轴是 Z 轴。θ 角的转动轴（节线）与 φ 角的转动轴（Z 轴）垂直，因而 θ 与 φ 是可以描述 z 轴方向的独立角度变量。令 θ 角从 $0\sim\pi$ 取值，φ 角从 $0\sim 2\pi$ 取值，可完整描述 z 轴在实验室系中的方向。

z 轴垂直于节线与 x 轴，因而是二者夹角 ψ 的转动轴。ψ 取值范围为 $0\sim 2\pi$。

我们可以用陀螺的运动来理解欧拉角。将大地当成实验室系，Z 轴就是垂直于大地的方向，z 轴就是陀螺的自转轴，自转角就是 ψ。当陀螺转起来时，它的自转轴不会一直在垂直于大地的方向上，而是会在垂直方向两旁"晃动"，晃动的角度就是 θ，这种晃动称为章动[①]。当陀螺转起来时，自转轴不会只在章动的方向上变化，还会绕着垂直于大地的轴转动，这种转动被称为进动。

我们将三个角的名称与取值总结如下：

$$\left.\begin{array}{ll} \text{章动角:} & \theta\in[0,\pi] \\ \text{进动角:} & \varphi\in[0,2\pi) \\ \text{自转角:} & \psi\in[0,2\pi) \end{array}\right\} \tag{3.11}$$

角速度矢量 $\boldsymbol{\omega}$ 是刚体系中的点绕刚体质心转动的角速度，不方便直接为实验所用，我们可以用欧拉角将角速度矢量表示出来。角速度矢量的每一分量分别沿着 x,y,z 方向，将三个欧拉角的角速度 $\dot\theta,\dot\varphi,\dot\psi$ 分别向这三个方向投影就得到了角速度矢量 $\boldsymbol{\omega}$ 的每一个分量。

自转角最容易处理，自转角速度 $\dot\psi$ 沿着 z 的方向，所以在 x,y 方向上没有分量。

我们再来处理章动角的角速度 $\dot\theta$。根据前面的分析，章动的轴（节线）的指向为节线正向，垂直于 z 轴，因而只有 x,y 两个方向的分量。节线与 x 轴夹角是 ψ，所以在 x 方向上分量是 $\dot\theta\cos\psi$；与 y 轴夹角是 $\pi/2+\psi$，因而在 y 方向上分量是 $\dot\theta\cos(\pi/2+\psi)$，等于 $-\dot\theta\sin\psi$。

进动是绕着实验室系的 Z 轴的转动。Z 轴与 z 轴的夹角为 θ，因而进动角速度 $\dot\varphi$ 在 z 轴上的分量为 $\dot\varphi\cos\theta$，在 xy 面上的分量为 $\dot\varphi\sin\theta$。由于

① 在古代汉语中，章是中国传统历法计年的一个时间单位，代表 19 年。这个时间是一个天象周期，指地球由于自转不稳定性而有的自转轴与进动轴的夹角的周期性变化，正是我们这里讨论的章动。

Z 轴与节线垂直，因而其在 xy 面上的投影也与节线垂直。根据节线与 x, y 轴的夹角可知，Z 轴在 xy 面上的投影与 x, y 轴的夹角分别为 $\pi/2 - \psi$ 和 ψ，因而进动角速度 $\dot{\varphi}$ 在 x, y 轴上的分量分别是 $\dot{\varphi} \sin\theta \cos(\pi/2 - \psi)$（即 $\dot{\varphi} \sin\theta \sin\psi$），以及 $\dot{\varphi} \sin\theta \cos\psi$。

结合上面分析，我们得到

$$\left. \begin{aligned} \omega_1 &= \dot{\varphi} \sin\theta \sin\psi + \dot{\theta} \cos\psi \\ \omega_2 &= \dot{\varphi} \sin\theta \cos\psi - \dot{\theta} \sin\psi \\ \omega_3 &= \dot{\varphi} \cos\theta + \dot{\psi} \end{aligned} \right\} \tag{3.12}$$

这里我们用 $1, 2, 3$ 分别代表 x, y, z。将欧拉角表示的 $\boldsymbol{\omega}$ 代入到计算表达式中，即可得到欧拉角表示的物理量。我们在处理具体问题时可以一直用 $\boldsymbol{\omega}$ 做计算，得到最后结果后才将欧拉角代入，以得到一个"物理"结果。

3.1.4　惯量张量与刚体运动方程

我们在描述刚体运动时将刚体分成了平动和转动两部分，现在看看是否能在拉氏量的层次上也做这种区分。如果可以的话，平动和转动就分别对应着不同的方程，方便我们处理物理问题。拉氏量中势能的部分取决于所讨论的问题，无法做一般性讨论。但是我们可以看看动能项是否能够分成平动和转动两部分。

为讨论刚体的动能，我们假定刚体是由离散的点构成的，因而将其动能写成对刚体的所有质点求和的形式：

$$T = \sum_{\text{质点}} \frac{1}{2} m \boldsymbol{V}^2 \tag{3.13}$$

这里的 m 与 $\boldsymbol{V}$ 应看作是每一个质点的质量与速度。由于需要使用很多下标，因此我们不再用一个单独的下标标记到底是哪个质点，只是一般性地将其写作质点求和。若是连续分布的质点，则直接将求和转换成积分即可，也即要将质量用密度与体元表示成 ρdV 的形式。

式 (3.13) 的求和式中的速度 $\boldsymbol{V}$ 是每一个质点相对于实验室系的速度。我们已经明白相对于实验室系的速度 $\boldsymbol{V}$ 可以写成刚体的平动速度（即刚体质心的速度）$\boldsymbol{V}_0$ 加上由于转动而有的速度 $\boldsymbol{\omega} \times \boldsymbol{r}$，因而

$$T = \sum_{\text{质点}} \frac{1}{2} m (\boldsymbol{V}_0 + \boldsymbol{\omega} \times \boldsymbol{r})^2 \tag{3.14}$$

将此式展开，得到

$$T = \sum_{\text{质点}} \frac{1}{2} m \boldsymbol{V}_0^2 + \sum_{\text{质点}} m \boldsymbol{V}_0 \cdot (\boldsymbol{\omega} \times \boldsymbol{r}) + \sum_{\text{质点}} \frac{1}{2} m (\boldsymbol{\omega} \times \boldsymbol{r})^2 \tag{3.15}$$

由于平动速度对于刚体的所有质点都一样，因而式 (3.15) 动能中第一项可以写为

$$\sum_{\text{质点}} \frac{1}{2} m \boldsymbol{V}_0^2 = \frac{1}{2} \boldsymbol{V}_0^2 \sum_{\text{质点}} m = \frac{1}{2} M \boldsymbol{V}_0^2 \tag{3.16}$$

其中 M 为刚体质量，即所有质点的质量和。式 (3.16) 正是刚体整体的平动动能，记为 $T_{\text{平}}$。

式 (3.15) 动能中第二项可以利用矢量乘法的数学公式改写。矢量叉乘的大小代表两个矢量围成的平行四边形的面积，方向垂直于两个矢量所在的平面。而矢量的点乘则可看作一个矢量向另一个矢量上投影后再大小相乘。因而，三个矢量的乘法 $\boldsymbol{A} \cdot (\boldsymbol{B} \times \boldsymbol{C})$ 可看作是高乘以面积，即三个矢量构成的平行六面体的体积。而体积不依赖于哪一个面是底面[①]，因而

$$\boldsymbol{A} \cdot (\boldsymbol{B} \times \boldsymbol{C}) = \boldsymbol{B} \cdot (\boldsymbol{C} \times \boldsymbol{A}) = \boldsymbol{C} \cdot (\boldsymbol{A} \times \boldsymbol{B}) \tag{3.17}$$

将式 (3.17) 这一公式应用于式 (3.15) 中的第二项，则有

$$\sum_{\text{质点}} m \boldsymbol{V}_0 \cdot (\boldsymbol{\omega} \times \boldsymbol{r}) = \sum_{\text{质点}} m \boldsymbol{r} \cdot (\boldsymbol{V}_0 \times \boldsymbol{\omega}) \tag{3.18}$$

又因为 $\boldsymbol{\omega}$ 与 $\boldsymbol{V}_0$ 对所有质点都一样，因而式 (3.18) 改写为

$$\sum_{\text{质点}} m \boldsymbol{V}_0 \cdot (\boldsymbol{\omega} \times \boldsymbol{r}) = (\boldsymbol{V}_0 \times \boldsymbol{\omega}) \cdot \sum_{\text{质点}} m \boldsymbol{r} \tag{3.19}$$

其中求和的部分除以总质量正是质心的定义。显然，若我们将刚体系的原点取在刚体质心，则质心坐标为零，上面的求和为零，问题可以得到简化。我们就把刚体系原点定义在质心，这样该项为零，即式 (3.19) 为零。

这样处理之后，式 (3.15) 的动能为

$$T = T_{\text{平}} + \sum_{\text{质点}} \frac{1}{2} m (\boldsymbol{\omega} \times \boldsymbol{r})^2 \tag{3.20}$$

---

① 但要注意矢量叉乘的顺序。我们始终按右手螺旋定则约定，即 $\boldsymbol{A} \times \boldsymbol{B}$ 的方向为用四指从 $\boldsymbol{A}$ 抓向 $\boldsymbol{B}$ 时大拇指的指向。

按我们的认识，式 (3.20) 的最后一项应该就是刚体的转动动能。两个矢量叉乘等于两个矢量的大小乘以夹角的正弦值，因而

$$(\boldsymbol{\omega} \times \boldsymbol{r})^2 = \omega^2 r^2 \sin \alpha^2 \tag{3.21}$$

其中 α 为矢量 $\boldsymbol{\omega}$ 与 $\boldsymbol{r}$ 的夹角。根据三角函数公式，有

$$\omega^2 r^2 \sin \alpha^2 = \omega^2 r^2 (1 - \cos \alpha^2) = \omega^2 r^2 - \omega^2 r^2 \cos \alpha^2 = \omega^2 r^2 - (\boldsymbol{\omega} \cdot \boldsymbol{r})^2 \tag{3.22}$$

这里用到了矢量点乘的定义，即 $\boldsymbol{\omega} \cdot \boldsymbol{r}$ 等于 $\omega r \cos \alpha$。矢量的点乘还可以写成分量的形式，即

$$\boldsymbol{\omega} \cdot \boldsymbol{r} = \omega_1 r_1 + \omega_2 r_2 + \omega_3 r_3 = \sum_{i=1}^{3} \omega_i r_i \tag{3.23}$$

因此，这部分转动的动能（记作 $T_{转}$）可以写成

$$
\begin{aligned}
T_{转} &= \frac{1}{2} \sum_{质点} m[\omega^2 r^2 - (\boldsymbol{\omega} \cdot \boldsymbol{r})^2] \\
&= \frac{1}{2} \sum_{质点} m \left(\sum_{i=1}^{3} \omega_i^2 \sum_{j=1}^{3} r_j^2 - \sum_{i=1}^{3} \omega_i r_i \sum_{j=1}^{3} \omega_j r_j \right)
\end{aligned}
\tag{3.24}
$$

由于乘法满足分配律，因此我们可以将所有的求和一起放在最前面，即

$$T_{转} = \frac{1}{2} \sum_{质点} m \sum_{i=1}^{3} \sum_{j=1}^{3} (\omega_i^2 r_j^2 - \omega_i r_i \omega_j r_j) \tag{3.25}$$

对于所有的质点来说，角动量 ω 都是一样的，因此我们最好将它提取到求和的外面。在式 (3.25) 的第二项里，两个 ω 的下标不同，因而只能将第一项里的 ω 也修改成不一样的形式，以便整体提出。我们可以通过克罗尼克 δ 符号来实现这一点。将第一项重新写为

$$\sum_{i=1}^{3} \sum_{k=1}^{3} \omega_i^2 r_k^2 \tag{3.26}$$

并将其中一个 ω_i 写为

$$\omega_i = \sum_{j=1}^{3} \delta_{ij} \omega_j \tag{3.27}$$

其中克罗尼克 δ 符号的定义为

$$\delta_{ij} = \begin{cases} 1, & i = j \\ 0, & i \neq j \end{cases} \tag{3.28}$$

这样改写之后，转动的动能为

$$T_{\text{转}} = \frac{1}{2} \sum_{\text{质点}} m \sum_{i=1}^{3} \sum_{j=1}^{3} \left(\omega_i \delta_{ij} \omega_j \sum_{k=1}^{3} r_k^2 - \omega_i r_i \omega_j r_j \right)$$

$$= \frac{1}{2} \sum_{i=1}^{3} \sum_{j=1}^{3} \omega_i \omega_j \sum_{\text{质点}} m \left(\delta_{ij} \sum_{k=1}^{3} r_k^2 - r_i r_j \right) \qquad (3.29)$$

这里用到了 ω_i 对每个质点都一样这个事实，将 ω_i 提到了质点求和之外。定义

$$I_{ij} = \sum_{\text{质点}} m \left(\delta_{ij} \sum_{k=1}^{3} r_k^2 - r_i r_j \right) \qquad (3.30)$$

则

$$T_{\text{转}} = \frac{1}{2} \sum_{i=1}^{3} \sum_{j=1}^{3} I_{ij} \omega_i \omega_j \qquad (3.31)$$

这就是刚体由于转动而具有的动能，其形式非常类似于平动动能，只不过速度被替换成了角速度，而质量被替换成了**惯量张量** I_{ij}。刚体的动能被分成了平动部分和转动部分：

$$T = T_{\text{平}} + T_{\text{转}} = \frac{1}{2} M \boldsymbol{V}_0^2 + \frac{1}{2} \sum_{i=1}^{3} \sum_{j=1}^{3} I_{ij} \omega_i \omega_j \qquad (3.32)$$

正如质量代表着使运动改变的难易程度，惯量张量代表着使物体转动改变的难易程度。惯量张量是一个张量，形式上是一个矩阵，I_{ij} 定义了矩阵的每一个矩阵元。我们可以将惯量张量的矩阵形式写为

$$I = \begin{pmatrix} \displaystyle\sum_{\text{质点}} m(y^2 + z^2) & -\displaystyle\sum_{\text{质点}} mxy & -\displaystyle\sum_{\text{质点}} mxz \\ -\displaystyle\sum_{\text{质点}} myx & \displaystyle\sum_{\text{质点}} m(z^2 + x^2) & -\displaystyle\sum_{\text{质点}} myz \\ -\displaystyle\sum_{\text{质点}} mzx & -\displaystyle\sum_{\text{质点}} mzy & \displaystyle\sum_{\text{质点}} m(x^2 + y^2) \end{pmatrix} \qquad (3.33)$$

在这里，将 I_{ij} 定义式中的 $r_{1,2,3}$ 分别写成了 x, y, z。表达式中的质量与坐标是每一个质点的质量与坐标，求惯量张量要对所有的质点求和。

上面给出的是离散型的质点构成的刚体的惯量张量。很多时候我们要讨论的是连续型的刚体，即需要将求和转换成积分。离散变成连续，即是

将质点变成微元。刚体在空间中某个位置处的质量为该位置处的密度乘以体积微元，即

$$dm = \rho(x, y, z)dxdydz = \rho dV \tag{3.34}$$

因此惯量张量为

$$I = \begin{pmatrix} \int (y^2 + z^2)\rho dV & -\int xy\rho dV & -\int xz\rho dV \\ -\int yx\rho dV & \int (z^2 + x^2)\rho dV & -\int yz\rho dV \\ -\int zx\rho dV & -\int zy\rho dV & \int (x^2 + y^2)\rho dV \end{pmatrix} \tag{3.35}$$

惯量张量很明显是一个对称矩阵。若我们能恰当地选取刚体系的坐标轴（注意原点在质心），则可以将惯量张量对角化[①]。能实现对角化的刚体系坐标轴被称为**惯量主轴**。对角化之后的惯量张量形式为

$$I = \begin{pmatrix} \sum_{质点} m(y^2 + z^2) & 0 & 0 \\ 0 & \sum_{质点} m(z^2 + x^2) & 0 \\ 0 & 0 & \sum_{质点} m(x^2 + y^2) \end{pmatrix} = \begin{pmatrix} I_1 & 0 & 0 \\ 0 & I_2 & 0 \\ 0 & 0 & I_3 \end{pmatrix} \tag{3.36}$$

其中 $I_{1,2,3}$ 被称为**主转动惯量**。通过对角化后，转动动能的形式非常简单：

$$T_{转} = \frac{1}{2}(I_1\omega_1^2 + I_2\omega_2^2 + I_3\omega_3^2) \tag{3.37}$$

其形式完全类似于平动动能。

3.1.5 刚体运动方程

选定了刚体系后，惯量张量就是一个仅与刚体自身形状与质量分布有关的物理量。刚体的拉氏量

$$L = \frac{1}{2}M\boldsymbol{V}^2 + \frac{1}{2}\sum_{i=1}^{3}\sum_{j=1}^{3} I_{ij}\omega_i\omega_j - U(\boldsymbol{R}, \boldsymbol{\phi}) \tag{3.38}$$

其中 $\boldsymbol{R}$ 与 $\boldsymbol{V}$ 是刚体质心在实验室系中的位矢和速度，$\boldsymbol{\phi}$ 与 $\boldsymbol{\omega}$ 是刚体系的转动角度和角速度，而 $U(\boldsymbol{R}, \boldsymbol{\phi})$ 代表的是来自于外界的相互作用。我们

[①] 实对称矩阵一定可以对角化。

这里选取了两个不同坐标系的变量作为广义坐标，因为这样能使运动方程形式变得简单。正如前面讨论过的，得到结果后再用欧拉角表示。讨论物理问题时，我们常常这么做，即计算时用一个理论上方便的参考系，得到结果后再换回到一个实验上方便的参考系。

将式 (3.38) 的拉氏量代入欧拉-拉格朗日方程，可以得到

$$M\dot{\boldsymbol{V}} = -\frac{\partial U}{\partial \boldsymbol{R}} \tag{3.39}$$

$$\sum_{j=1}^{3} I_{ij}\dot{\omega}_j = -\frac{\partial U}{\partial \phi_i} \tag{3.40}$$

第一个方程就是简单的牛顿第二定律；第二个方程代表的是力矩的影响，方程右边即为力矩的定义。可以看到，两个方程在形式上完全一致。这也就是使用广义坐标的好处：对所讨论的问题可按同一模式处理。

由于刚体的运动由以上两个方程掌控，因而刚体的平衡也比质点的平衡更复杂。刚体达到平衡状态时，不但不能平动，也不能转动。从上面的方程我们可以看到，刚体的平衡条件可以概括为**合外力为零**以及**合外力矩为零**。

3.2　流体力学

自然界中有一大类问题可归结为**流体力学**，如液体、气体或等离子体的问题。这些研究对象最显著的特征在于：（1）它们并非孤立质点，而是质点的集合；（2）它们的形状并不像刚体一样保持固定。这两个特征使得我们在研究此类问题时要引入一个新的模型，即**连续介质**模型，或者说**流体**模型。

质点模型讨论的是大小和形状可忽略的研究对象；刚体模型讨论的是质点间距离保持不变的质点集群模型；流体模型讨论的是分布上具有连续性的质点集群模型。连续性指的是不论我们拿出多小的一块流体来进行讨论，其中仍然包含着数目足够多的质点，即我们看不到孤立质点。比如说，当我们研究水的运动时，我们不去讨论单个水分子的运动，而是把所有的水分子看作一个整体，但是它又不像刚体一样可以保持自己的形状不变。

由于流体具有连续性，因而我们需要能体现整体的集群特征的概念来讨论它。适合表现集群特征的概念就是场，或者说某个物理量在时空中的分布。在流体力学中我们会使用速度场来描述问题。除速度场外，我们还将使用压强、密度等物理量。这些物理量全部是（时间）空间坐标的函数，

也就是说都可以理解为场。由于都可以理解为场，我们在后面的学习中将只说速度、压强、密度，而不再强调场。

物理世界的流体十分复杂，除了变化无穷的运动，流体不同部分之间还存在着热交换和内摩擦。一条河流的水面温度和水底温度一般是不同的，这种温差的存在使得不同层的水流之间存在热交换，而热交换将使不同层之间的水流向彼此而影响水流的速度。不同的流体，比如水和蜂蜜，由于组成流体的微粒（分子或分子的化合物）的性质不同，微粒运动时彼此的摩擦不同，这种内摩擦在流体问题中被称为黏性，它将显而易见地影响流体的运动。流体和固体最大的区别在于流体的形状极容易改变，或者说流体无法靠自身维持自己的形状。流体的形状会在力的作用下改变，度量这种改变的难易程度的物理概念就是黏性。

没有热量交换和黏性的流体被称为**理想流体**。理想流体可以反映流体力学的基本特征，并是进一步探讨黏性流体的基础。由于本书只试图一般性地介绍流体模型的概念，因此我们把讨论的内容主要限定在理想流体上。

3.2.1 连续性方程

我们从"量"的守恒这一基本性质出发讨论流体问题。

对于密度为 $\rho(\boldsymbol{r},t)$，压强为 $p(\boldsymbol{r},t)$，速度为 $\boldsymbol{v}(\boldsymbol{r},t)$ 的流体，我们讨论它的一个微元 $\mathrm{d}V$ 的情况。如果流体流出该微元，则微元内的流体随时间减少的量等于通过微元表面 $\mathrm{d}S$ 流出的量。由于微元表面有两个方向，即向里和向外，因而需要规定一个正方向。我们约定向外的方向为正方向，这样可以将微元表面记作一个矢量 $\mathrm{d}\boldsymbol{S}$，其大小就是微元的面积，方向向外，垂直于微元表面。在这种约定下，单位时间内从表面 $\mathrm{d}\boldsymbol{S}$ 流出的流体的总量就是

$$\frac{\rho\boldsymbol{v}\mathrm{d}t\cdot\mathrm{d}\boldsymbol{S}}{\mathrm{d}t}=\rho\boldsymbol{v}\cdot\mathrm{d}\boldsymbol{S} \tag{3.41}$$

这里用到的是一个简单的关系：质量等于密度乘以长度再乘以面积，而长度等于速度乘以时间。对这个公式积分就得到在要讨论的单位时间内从整个流体表面流出的量，即

$$Q=\oint\rho\boldsymbol{v}\cdot\mathrm{d}\boldsymbol{S} \tag{3.42}$$

另一方面，微元 $\mathrm{d}V$ 内的质量是 $\rho\mathrm{d}V$，积分可得整个流体的质量。因而单位时间内流体内质量的减少等于

$$-\frac{\mathrm{d}}{\mathrm{d}t}\int\rho\mathrm{d}V \tag{3.43}$$

其中负号表明所讨论的是封闭空间内流体内质量的减少。

我们假定内部的减少等于表面的流出，因而有

$$-\frac{\mathrm{d}}{\mathrm{d}t}\int\rho\mathrm{d}V=\oint\rho\boldsymbol{v}\cdot\mathrm{d}\boldsymbol{S} \tag{3.44}$$

注意这是基本假定，是理论的起点。从无数实验事实中我们都观察到内部的减少等于从表面的流出，因此我们做了这样的假定。方程的右边可以根据高斯公式（矢量的面积分等于其散度的体积分）改写成

$$\oint\rho\boldsymbol{v}\cdot\mathrm{d}\boldsymbol{S}=\int\nabla\cdot(\rho\boldsymbol{v})\mathrm{d}V \tag{3.45}$$

而方程式（3.44）左边的积分中只有密度是时间的函数，因此我们有

$$\int\left(\frac{\partial\rho}{\partial t}+\nabla\cdot(\rho\boldsymbol{v})\right)\mathrm{d}V=0 \tag{3.46}$$

由于我们在进行上述讨论时并未加任何特殊限制，即对于流体的一切区域式（3.46）都成立，因而其积分式等于零意味着

$$\frac{\partial\rho}{\partial t}+\nabla\cdot(\rho\boldsymbol{v})=0 \tag{3.47}$$

定义

$$\boldsymbol{j}=\rho\boldsymbol{v} \tag{3.48}$$

为**质量流密度**，则式 (3.46) 的方程可写为

$$\frac{\partial\rho}{\partial t}+\nabla\cdot\boldsymbol{j}=0 \tag{3.49}$$

这个方程被称为**连续性方程**，它是流体力学最基本的方程。

连续性方程也常常被称为**流守恒方程**。连续性方程是一个相当一般性的物理学方程，普遍地存在于物理学的方方面面。不论是量子力学还是电动力学，其基本方程都可以表示成某种形式的流守恒方程。这类方程体现的是某种物理量，如流体的质量、电荷的总量甚至是总的概率（量子理论），在所研究对象内部减少的量等于从表面流出的量。

人们可能会觉得"内部减少的量等于从表面流出的量"这种表述十分平庸，似乎这是理所当然的。然而并非如此！仅当我们研究的是我们这个物理世界时才有这样的事情存在。在这里，我们应将其视作一个原理，是

一个出发点，我们并没有办法从其他更基本的理论出发证明这个原理。我们顶多能说根据"质量守恒"推出流守恒，但这其实是一回事，并没有更高明一点。因而，尽管它十分平庸，仍然不能将其视作来自于某种更基本的原理的推论。至于这样一个原理，到底是不是世界的真相，那就需要大量实验去检验。在有任何实验排除这一原理或这一方程之前，我们相信它是流体力学的基本方程。

利用求导的链式法则，我们还可以将式（3.49）的连续性方程写成下面的样子：

$$\frac{\partial \rho}{\partial t} + \nabla \rho \cdot \boldsymbol{v} + \rho \nabla \cdot \boldsymbol{v} = 0 \tag{3.50}$$

3.2.2 欧拉方程

根据相当一般性的要求（量的守恒），我们得到了连续性方程。现在我们再来看看根据这一基本的力学方程，再结合牛顿运动定律，还能得到关于流体的其他什么方程。

讨论空气或者液体，使用压强代替力的概念是比较方便的。流体的压强施加于流体外部，因而根据作用力与反作用力定律（牛顿第三定律），流体受到的力就是

$$-\oint p \mathrm{d}\boldsymbol{S} = -\int \nabla p \mathrm{d}V \tag{3.51}$$

这里用到了高斯公式的一个简单推论式。显然，我们可以将 ∇p 解释为力密度，即单位体积的流体受到的力。单位体积的流体的质量为 $\rho \cdot 1$ 等于 ρ。因而根据牛顿第二定律，我们有

$$-\nabla p = \rho \frac{\mathrm{d}\boldsymbol{v}}{\mathrm{d}t} \tag{3.52}$$

速度 $\boldsymbol{v}$ 是时间 t 和坐标 $\boldsymbol{r}$ 的函数，因而其随时间的变化

$$\frac{\mathrm{d}\boldsymbol{v}}{\mathrm{d}t} = \frac{\partial \boldsymbol{v}}{\partial t} + \sum_{i=1}^{3} \frac{\partial \boldsymbol{v}}{\partial r_i} \frac{\mathrm{d}r_i}{\mathrm{d}t} \tag{3.53}$$

利用算符 ∇ 和矢量的点乘，式 (3.53) 可写为

$$\frac{\mathrm{d}\boldsymbol{v}}{\mathrm{d}t} = \frac{\partial \boldsymbol{v}}{\partial t} + (\boldsymbol{v} \cdot \nabla)\boldsymbol{v} \tag{3.54}$$

其中用到了速度的定义，即位矢求导。将式 (3.54) 与力密度公式 (3.52) 组合起来可得

$$-\nabla p = \rho(\frac{\partial \boldsymbol{v}}{\partial t} + (\boldsymbol{v} \cdot \nabla)\boldsymbol{v}) \tag{3.55}$$

即

$$\frac{\partial \boldsymbol{v}}{\partial t} + (\boldsymbol{v} \cdot \nabla)\boldsymbol{v} = -\frac{\nabla p}{\rho} \tag{3.56}$$

这个方程被称为欧拉方程，它将压强与速度和密度联系了起来。

若流体处于重力场中（大部分流体都是如此，如水或气体），则还将受重力影响，因此单位体积的动力学方程应写成

$$-\nabla p + \rho \boldsymbol{g} = \rho \frac{\mathrm{d}\boldsymbol{v}}{\mathrm{d}t} \tag{3.57}$$

其中 $\boldsymbol{g}$ 为重力加速度，方向指向大地。于是欧拉方程应写成

$$\frac{\partial \boldsymbol{v}}{\partial t} + (\boldsymbol{v} \cdot \nabla)\boldsymbol{v} = -\frac{\nabla p}{\rho} + \boldsymbol{g} \tag{3.58}$$

3.2.3 绝热方程

我们用三个物理量描述流体，即密度、压强与流速。由于流速是矢量，因而实际上有五个物理量。连续性方程（量的守恒）和欧拉方程（牛顿第二定律）一共只有四个方程，无法完全求解理想流体问题。我们还需要一个独立方程来帮助求解。由于使用了压强这样典型的热力学概念，我们可以再加一个独立的热力学方程来讨论流体。由于我们讨论的是理想流体，即没有黏性（欧拉方程中没有表示摩擦力的部分）和热传导的流体，因而在我们讨论的流体力学过程中没有由于摩擦而产生的热，也没有以其他形式传导的热。因此，我们讨论的理想流体运动是一个**绝热过程**，可以使用绝热方程来帮助我们求解。

从热力学中我们知道，绝热过程就是熵变为零的过程，可用方程表示为

$$\frac{\mathrm{d}s}{\mathrm{d}t} = 0 \tag{3.59}$$

其中 s 代表单位质量流体的熵。这里使用"单位质量"是为了引入密度和体积这种我们会用到的流体力学量。类似于讨论流速，式 (3.59) 相当于

$$\frac{\partial s}{\partial t} + \boldsymbol{v} \cdot \nabla s = 0 \tag{3.60}$$

我们将这个方程称为理想流体的绝热条件。绝热条件可被解释为另一个流守恒方程——熵流守恒方程。将连续性方程中的 ρ 替换成 ρs，式 (3.60) 改写为

$$\frac{\partial \rho s}{\partial t} + \nabla \cdot (\rho s \boldsymbol{v}) = 0 \tag{3.61}$$

利用求导的乘积法则可直接证明在连续性方程存在的情况下，这个熵流守恒方程与绝热条件等价，即假定其一可以推出另一个。

人们在讨论热力学的时候，经常会根据研究问题的不同，选用不同的具有能量量纲的热力学状态函数（内能、焓、吉布斯自由能、亥姆霍兹自由能）表征所研究对象，并将这些状态函数用两个不具有能量量纲的独立变量（如温度、体积、压强和熵）表示出来。不同的状态函数通过勒让德变换联系起来。

比如大家熟悉的内能 U 可以看作熵和体积的函数，使内能变化的过程有两种，即等温吸热和做功，因而

$$\mathrm{d}U = T\mathrm{d}S - p\mathrm{d}V \tag{3.62}$$

做勒让德变换，定义新的状态函数，称为焓

$$H = U + pV \tag{3.63}$$

则有

$$\mathrm{d}H = \mathrm{d}U + \mathrm{d}(pV) = T\mathrm{d}S + V\mathrm{d}p \tag{3.64}$$

单位质量内的焓表示为

$$\mathrm{d}h = T\mathrm{d}s + \frac{1}{\rho}\mathrm{d}p \tag{3.65}$$

由于绝热过程中 $\mathrm{d}s$ 等于零，因而

$$\mathrm{d}h = \frac{1}{\rho}\mathrm{d}p \tag{3.66}$$

所以

$$\nabla h = \frac{1}{\rho}\nabla p \tag{3.67}$$

将这个关系代回到欧拉方程式 (3.56)，有

$$\frac{\partial \boldsymbol{v}}{\partial t} + (\boldsymbol{v} \cdot \nabla)\boldsymbol{v} = -\frac{\nabla p}{\rho} = -\nabla h \tag{3.68}$$

这样处理之后，方程右边变成了一个简单的梯度项，方便我们稍后利用矢量运算将其扔掉。

根据矢量混合运算公式，我们有

$$\frac{1}{2}\nabla(\boldsymbol{v}^2) = \boldsymbol{v} \times (\nabla \times \boldsymbol{v}) + (\boldsymbol{v} \cdot \nabla)\boldsymbol{v} \tag{3.69}$$

因而

$$\frac{\partial \boldsymbol{v}}{\partial t} - \boldsymbol{v} \times (\nabla \times \boldsymbol{v}) = -\nabla \left(h + \frac{\boldsymbol{v}^2}{2} \right) \tag{3.70}$$

两边再取旋度，则

$$\frac{\partial}{\partial t} \nabla \times \boldsymbol{v} = \nabla \times (\boldsymbol{v} \times (\nabla \times \boldsymbol{v})) \tag{3.71}$$

这里利用了梯度的旋度等于零。这个方程是在独立的热力学条件（绝热）下获得的，因而是一个独立方程。

现在我们有了五个方程，即连续性方程、欧拉方程和速度满足的绝热条件，因而可以求解出密度、压强与速度五个变量。由于求解的是微分方程，所得到的解一定含有待定常数（常数求导为零）。一阶微分方程中含有一个待定常数，二阶微分方程含有两个待定常数，以此类推。为将结果完全确定下来，还需要代入边界条件。边界条件来自于物理上的考虑[①]。流体的边界若是坚固器壁，则我们自然会要求流体不穿透器壁，这相当于要求流体在垂直于器壁的方向上速度为零。垂直于器壁的方向被称为法向，因此在这种情况下边界条件就是法向速度为零。若边界是两种理想流体的边界，则可自然要求在边界上压强相等（作用力与反作用力），法向速度相等。法向速度相等体现的是流动的连续特征。

对于各种连续流动的研究对象，我们都可以当成流体去思考。学习电磁学或电动力学的时候，我们也可以按照完全一样的方式去考虑电流。电流就是带电粒子的流动，同水流就是水分子的流动一样，从微观角度看可用带电粒子的速度结合电荷密度定义电流。求解含电流的问题时，我们也会要求电流在导体与绝缘体边界上的法向分量为零，以及在两种导体分界面上电流相等。

3.2.4 不可压缩流体

在获得第三个独立方程时，我们只是利用绝热条件将 $\nabla p / \rho$ 写成了散度形式。从求解角度看，若我们做一个简单的假设，也可以达到同样的目的。这个简单的假设就是

$$\rho = 常数 \tag{3.72}$$

显然，在这个假定下，方程右边就是梯度项，我们仍可利用梯度的旋度为零这一数学等式得到速度场满足的独立方程，即式（3.71）。

---

① 当思考流体的物理问题时，我们在脑海中想象水的例子，总是方便的。

这一假定定义了一种常被讨论的流体模型——不可压缩流体。密度不变就是不可压缩的意思。

对于不可压缩流体，流守恒方程也变成了简单的形式。解方程组

$$\nabla \cdot \boldsymbol{v} = 0 \tag{3.73}$$

$$\frac{\partial}{\partial t} \nabla \times \boldsymbol{v} = \nabla \times (\boldsymbol{v} \times (\nabla \times \boldsymbol{v})) \tag{3.74}$$

可得到速度 $\boldsymbol{v}$。

3.2.5 伯努利方程

若我们讨论的是定常流问题，即速度不是时间的显函数的问题，则我们可以得到一个很直观的方程——伯努利方程。

对于定常流问题，我们有

$$\frac{\partial \boldsymbol{v}}{\partial t} = 0 \tag{3.75}$$

因而，对欧拉方程

$$(\boldsymbol{v} \cdot \nabla)\boldsymbol{v} = -\frac{\nabla p}{\rho} + \boldsymbol{g} \tag{3.76}$$

用算符 ∇ 的乘积法则，我们有

$$-\boldsymbol{v} \times (\nabla \times \boldsymbol{v}) + \frac{1}{2}\nabla(\boldsymbol{v}^2) = -\frac{\nabla p}{\rho} + \boldsymbol{g} \tag{3.77}$$

若选择指向天空的方向为 z 轴正向，则 $\boldsymbol{g} = -g\nabla z$。我们可以进一步将上式改写为

$$\rho \boldsymbol{v} \times (\nabla \times \boldsymbol{v}) = \nabla \left(\frac{1}{2}\rho \boldsymbol{v}^2 + p + \rho g z \right) \tag{3.78}$$

这个方程是一个矢量方程。若我们将空间的方向选为沿着流速（称为切向、纵向或流向）的一个方向和垂直于流速（横向）的两个方向，则在切向上方程左边等于零，这是因为方程左边总是垂直于流速的方向（叉乘的性质）。这意味着在切向上

$$\frac{\partial}{\partial r_{切}} \left(\frac{1}{2}\rho \boldsymbol{v}^2 + p + \rho g z \right) = 0 \tag{3.79}$$

即在这个方向上，我们有

$$\frac{1}{2}\rho \boldsymbol{v}^2 + p + \rho g z = 常数 \tag{3.80}$$

这个方程被称为**伯努利方程**。

需要特别指出的是,虽然只在切向上得到了伯努利方程,但只要流速具有无旋性,方程左边都等于零,都能得到伯努利方程。

我们可以将伯努利方程中的 z 理解为高度。因而这个方程说的是,在相同高度上,流速越快,则压强越小。伯努利方程所描述的现象在物理学中十分常见。

火车站的站台总有工作人员在监督,以确保每个人在火车快速经过站台时都离火车足够远。这就是为了预防火车行驶带来的事故。当火车快速运动时,速度快,火车区域压强小,这样站台区域的空气与火车区域的空气产生了压强差,这种压强差会将靠近的人推向火车从而造成事故。

我们目前的讨论限定在理想流体。理想流体没有黏性,这显然与事实不符。物理世界中的几乎所有流体(除了极为罕见的超流体)都具有黏性,黏性的存在使得欧拉方程变得极为复杂,成为了非线性的纳维–斯托克斯方程。人们尚未找到这个方程的严格解。求解这个方程,一直是数学物理领域中非常重要的事情,因为它有极其广泛且重要的应用。比如说,若我们能够很好地求解纳维–斯托克斯方程这样的流体力学方程,就可以通过理论计算搞明白哪一种飞机设计方案更好,飞机能够以多快的速度起飞,飞行是否平稳等问题。对于这类问题,目前人们更多的是通过"风洞"等实验测得具体的性能指标,探索改进的方向。

习题

3.1 (1)将双原子分子的每个原子看作一个质点,质量分别为 m_1 和 m_2,假定二者间距离 l 不发生变化,计算这个分子的主转动惯量;(2)某种四原子分子为正三棱锥形,其中顶点原子质量 m_1,底面正三角形三个点上的原子质量均为 m_2。底面正三角形边长 a 与正三棱锥高 h 均保持不变。求这个刚体的主转动惯量。

3.2 重复连续性方程的推导。

3.3 注有密度为 ρ 的液体的圆柱形容器绕其对称轴以恒定角速度 Ω 转动。假定液体为不可压缩流体,且与容器保持相对静止(即以相同角速度转动),求转动时液体的表面形状。(提示:求解欧拉方程,并注意到液体表面处压强为空气压强,可被看作常数。)

第 4 章 狭义相对论

牛顿力学的时空观是伽利略变换，伽利略变换的基础假设是空间间隔不变及绝对时间。空间间隔不变性指的是不同惯性参考系对空间间隔（三维笛卡儿系为例）

$$\Delta s = \sqrt{\Delta x^2 + \Delta y^2 + \Delta z^2} \tag{4.1}$$

的认识是一样的；绝对时间假设指的是不同的惯性参考系对时间的认知是一样的，即

$$\Delta t = \Delta t' \tag{4.2}$$

其中 Δt 与 $\Delta t'$ 是相对于彼此作匀速直线运动的两个惯性参考系的时间。这两条假设与人们的日常生活体验高度符合。人们当然认为一辆车的长度在其静止时与其运动时是一样的；人们也难以相信站在路边的人与坐在疾驰的车中的人的时间会有什么不同。伽利略变换就是能够保有这两种不变性的惯性系时空坐标变换，即两个不同惯性系的时空坐标满足如下形式的变化关系：

$$\left.\begin{aligned} t' &= t \\ x' &= x + ut \\ y' &= y \\ z' &= z \end{aligned}\right\} \tag{4.3}$$

其中 t'-$x'y'z'$ 惯性系相对于 t-xyz 惯性系以速度 u 向 x 轴负方向运动。这一变换关系一直为牛顿同时代及之后的人深信不疑。

然而，随着法拉第与麦克斯韦最终完成了电磁学理论的构建，人们不得不怀疑伽利略变换的正确性。

电磁理论的核心是麦克斯韦方程组[①]：

[①] 这里给出的是洛伦兹-亥维赛单位制下真空中的麦克斯韦方程组，参见目录前的"符号与约定"。

$$\left.\begin{array}{l} \nabla \cdot \boldsymbol{E} = \rho \\[2mm] \nabla \times \boldsymbol{E} = -\dfrac{\partial \boldsymbol{B}}{c \partial t} \\[3mm] \nabla \cdot \boldsymbol{B} = 0 \\[2mm] \nabla \times \boldsymbol{B} = \dfrac{\boldsymbol{j}}{c} + \dfrac{\partial \boldsymbol{E}}{c \partial t} \end{array}\right\} \tag{4.4}$$

麦克斯韦方程组不满足伽利略变换。当我们对麦克斯韦方程组做伽利略变换时，麦克斯韦方程组的形式将变得面目全非[①]。若我们坚信伽利略变换是正确的，那么对于麦克斯韦方程组来说，各个惯性系就不是等价的，存在着特殊的惯性参考系。麦克斯韦方程组，惯性系彼此等价，伽利略变换，这三者不可能同时成立。

在电磁学大厦建成的年代[②]，人们已经明白了光也是一种麦克斯韦方程组所预言的电磁波，一切经典光学理论都可以从电磁学理论中得到。当时已有的一切电磁学实验和光学实验，无不反复验证着麦克斯韦方程组的正确性。而伽利略变换，不但符合人们的日常经验，还精确匹配已得到广为验证的牛顿力学理论。因而，人们只能选择怀疑惯性系的等价性。人们设想，或许的确存在着某个特殊的惯性系，在这个特殊的惯性系中，麦克斯韦方程组才应写成式 (4.4) 的形式，而其中的光速 c 才是光在真空中的绝对速度。

此外，接受光是一种电磁波会带来一个困扰。按波动理论，波是振动在介质中的传播。那么，光在真空中传播时，介质是什么呢？出于这两方面的考虑，当时的物理学家们复活了一个古老的概念——以太。人们认为，大自然中存在着一种看不到摸不着的物质，这就是以太。以太就是绝对静止的惯性参考系，也是麦克斯韦方程组成立的惯性参考系，光在真空中传播时就是在以太中振动，光在以太中的速度才是 c，光在其他惯性参考系中的速度不是 c。

有了这样的认识，寻找以太就变成了当时重要的实验目标。在这种背景下，迈克耳孙构想了一种干涉仪。在他的设想里，地球上的实验装置随着地球一起在以太中按地球公转速度运动，因而在垂直于运动的方向上实验装置相对于以太静止，这将使得两个彼此垂直方向上的光速不同。基于这种设想，迈克耳孙设计了一套实验装置，这套装置现在被称为迈克耳孙干涉仪。如图 4.1 所示。

　　[①] 试试将麦克斯韦方程组变换到另一个以速度 $\boldsymbol{v}$ 运动的参考系。

　　[②] 麦克斯韦于 1865 年最终完成今天人们熟知的麦克斯韦方程组。那个时代的人不太习惯矢量运算，因而他是以分量形式写出的方程组。

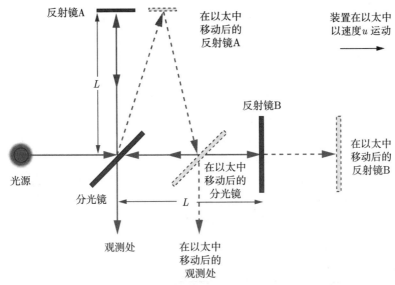

图 4.1 迈克耳孙构想的实验

在迈克耳孙干涉仪中，光从光源中射出，经过分光器被分成彼此垂直的两束，这两束光分别射向光路距离相等的反射镜，反射回分光镜的位置后再被一起引导到观测屏。由于在两条光路上光的速度不同，因而进入观测屏的两束光将产生干涉现象。当然了，实验时几乎不可能将两条光路设定成距离绝对一样，无论如何都会有误差，因而光程必然不一样，一定会有干涉条纹出现。迈克耳孙的设计很巧妙，设定好实验装置观察到干涉条纹之后，他将整个实验装置旋转 90° 继续观测。由于两个方向上光速发生了变化，因而光程也发生了变化，观测屏上的干涉条纹也将发生变化。迈克耳孙和他的助手莫雷一起，将制作好的实验装置安装到漂浮于水银中的大理石上，以便平稳地转动。按他们的计算，条纹移动的理论值在实验精度之内，即他们应当清楚地观测到条纹移动。然而，从 1887 年开始，迈克耳孙和莫雷两人多次完成该实验，不断提高精度，却一次也没看到干涉条纹移动。他们的实验被称为迈克耳孙–莫雷实验。

迈克耳孙–莫雷实验的零结果代表着以太假说的失败。若不存在以太，即不存在绝对的惯性系，就得选择相信各个惯性系都是等价的。那么，伽利略变换和麦克斯韦方程组到底该放弃哪个呢？物理学家们选择寻找使麦克斯韦方程组成立的时空坐标变换方案。洛伦兹通过纯粹的数学操作，找到了一组能使麦克斯韦方程组保持不变的时空坐标线性变换方案，这一变换后来被称为洛伦兹变换。然而人们并不清楚洛伦兹变换的物理意义。直到迈克耳孙–莫雷实验的 18 年后，即 1905 年，爱因斯坦建立了现代时空观的基础理论——狭义相对论，人们才真正明白了洛伦兹变换。

4.1 洛伦兹变换

洛伦兹通过纯粹的数学手段，找到了洛伦兹变换。他假定能使麦克斯韦方程组成立的时空坐标变换是线性变换，以保证不同惯性系的变换是相同的。非线性变换不能保证变换的可逆性。比如某种变换将 x 变成 x^2，则其逆变换就不是平方变换，而是开方变换了，这种情况下惯性系无法等价。假定了线性变换，洛伦兹使用微扰（以 v/c 为微扰小量）的方法，一阶一阶地寻找变换系数。最终，洛伦兹发现，使麦克斯韦方程组保持形式不变的时空坐标线性变换只能是下面的变换：

$$\left. \begin{aligned} t \to t' &= \frac{t + \dfrac{u}{c^2} x}{\sqrt{1 - \dfrac{u^2}{c^2}}} \\ x \to x' &= \frac{ut + x}{\sqrt{1 - \dfrac{u^2}{c^2}}} \\ y \to y' &= y \\ z \to z' &= z \end{aligned} \right\} \tag{4.5}$$

这里假定了 t'-$x'y'z'$ 惯性系相对于 t-xyz 惯性系以速度 u 向 x 轴负方向运动。

若洛伦兹变换就是正确的时空坐标变换方式，人们不禁想问，为什么它是这个样子？

4.1.1 时空间隔不变性

为回答这个问题，我们首先必须明白一点，盲目地相信绝对时间是危险的。

当人们谈两个相对于彼此运动的惯性系具有相同的时间，即绝对时间时，人们总是在使用"非物理"的方式讨论问题。任何真实世界的物理理论必须通过"物理"的方式加以验证，也即必须通过真正的物理实验加以检验。讨论物理问题时，可以讨论"非物理"的中间过程，作为帮助我们理解问题或者对计算的中间步骤的形象化解释，但是最后的观测量必须得通过真正的物理实验加以检验，而不能只存在于思想实验中。人们在讨论绝对时间时，犯的正是这样的错误。人们常常以为地球上的人和相对于地球运行的火箭中的人有相同的时间，但这是一个非物理视角的观点。在真实的物理世界，如果我们想比对地球上的时间与相对于地球运动的火箭上的时间，我们必须通过物理过程来比对。我们无法同时掌握相对于彼此运动的惯性系的时间。只不过我们生活在低速运动的世界中，而这种效应在低速运动下的影响太小①。两个相对于彼此运动的惯性系并没有相同的"同时"认知，在一个惯性系认为同时发生的两个事件，在另一个惯性系中则可能是先后发生的。

　　若放弃了绝对时间假设，空间间隔不变也可被随之放弃了。这是因为，当我们谈空间间隔的时候，总是意味着要同时确定两个不同的点的坐标，二者的差就是空间间隔。比如我们说一段树枝有多长，那就要同时确定下来树枝的这头和那头各在哪里，二者的差就是树枝的长度。若我们今天测了树枝的这头的位置，明天再来测树枝那头的位置，那我们就无法得到准确的树枝的长度，因为这头可能已经不在这里了。因而，若两个惯性系对"同时"产生了意见分歧，那么空间间隔也就不再是不变的了。在一个惯性系中，"同时"测量了两端的位置，并得到了空间间隔；在另一个惯性系则"先后"测量了两端的位置，得到了另一个空间间隔。

　　若我们放弃空间间隔不变性及绝对时间假设，伽利略变换就不再成立了。

　　在物理学以及任何科学中，人们关心的总是各种不变量。不变量体现的是大自然的基本规律。放弃了空间间隔这个不变量后，关于时空的基本不变量是什么呢？爱因斯坦以他的独特方式分析后发现，真正应该被当作不变量的不是空间间隔，而是时空间隔。定义

$$\Delta s^2 = c^2 \Delta t^2 - \Delta x^2 - \Delta y^2 - \Delta z^2 \tag{4.6}$$

Δs 被称为时空间隔②。爱因斯坦首先指出，相对于彼此作匀速直线运动的惯性参考系，时空间隔 Δs 总保持不变。

　　需要指出的是，在时空间隔 Δs 的定义中出现了光速 c。关于光速，爱因斯坦有另一个基本要求，即真空中的光速 c 是一个常数，在任何惯性参

---

　　① 想想看，我们日常生活中能接触到的最快速度是什么？高铁？它一般不超过 350 千米每小时。若我们把它当作 360 千米每小时，那也才 100 米每秒。而光速差不多是 300 000 000 米每秒！二者的比值是 1/3 000 000。普通的民航客机顶多是高铁速度的三倍左右。这么小的效应我们是无法感知的。

　　② 有些书中关于时空间隔的定义会与这里整体上相差一个负号。显然，这并没有什么实质性影响，只是一个约定。

考系中，它都是 c。在学习狭义相对论时，一个很大的障碍就是光速不变原理，因为它与我们习惯的速度叠加非常矛盾，而且人们也忍不住想问，为什么光速这么特别？

要正确地理解光速不变这一问题，我们应该换个思路。我们不要去讨论光速为什么这么特别，而是应把 c 看作是时空间隔的定义中的一个常数。时空间隔不变性是一种对称性，我们要求物理世界具有时空不变性，然后再去讨论具体的理论。在光速不变这个问题上，具体的理论指的就是电磁理论，因为光本身就是一种电磁波。在后面我们将会看到，若我们要求电磁理论满足时空间隔不变，那么它将只能具有某些特定的理论形式，而常数 c 就是为保持间隔不变而进入到电磁理论中。把电磁理论的方程——麦克斯韦方程组——做适当处理，就会得到一个波动方程，人们正是根据这个波动方程预言了电磁波的存在并在实验中得到验证。根据波的理论，电磁波的方程自然而然地给出了电磁波的传播速度，即光速。因此，从逻辑上很清楚，不是光速有什么特别，而是要求了间隔不变性之后，电磁理论中自然会带有常数 c。电磁理论唯一特别的地方在于，其中没有一个类似于质量的参数，这使得电磁波的波速只能是这个常数 c。换句话说，在一个被要求满足时空间隔不变性的理论中，若没有某个扮演质量的参数，那么这个理论中的速度（不论它是粒子的速度还是波的速度），都会是常数 c。电磁理论是我们最早知道的这类理论，因此光速获得了用以定义时空间隔的常数 c 的冠名权。光和光速本身没有什么特别的。

时空间隔不变性和光速不变性是狭义相对论的起点，或者说两个基本假设。当然，我们也可以说狭义相对论只有时空间隔不变性这一个基本假设，而时空间隔的定义中用到了一个常数 c。

4.1.2 从时空间隔不变性到洛伦兹变换

我们一旦把时空间隔不变性作为一个基本假设，或者说一个原理，那我们就应该能够从这个原理中得到符合实验的正确时空变换关系，即洛伦兹变换。

我们已经讨论过，时空坐标变换必须为线性变换。提出这个要求是我们希望变换有可逆性，即从一个坐标系变到另一个坐标系的变换形式应该是通用的，不同的变换只是变换参数上的区别，因而只能是线性变换。

在讨论洛伦兹变换前，我们先回顾一下空间转动变换以获得一些启发。空间转动变换保有的是空间间隔。以二维为例，绕着原点的坐标系转动要保有 $x^2 + y^2$ 不变，即点 (x, y) 与原点之间的距离不变。这种保持平方和

不变的线性变换，很容易想到要利用一个参数平方和为常数的数学关系。正弦余弦函数就满足这样的关系。因此，只要令

$$\left.\begin{array}{l} x \to x\cos\theta + y\sin\theta \\ y \to -x\sin\theta + y\cos\theta \end{array}\right\} \tag{4.7}$$

就可以利用 $\sin^2\theta + \cos^2\theta = 1$ 这个恒等式，使得 $x^2 + y^2$ 具有变换不变性。而这种变换，就是数学上很明显的平面直角坐标系转动变换。

对于时空间隔来说，也可同样思考。以二维时空为例（四维时空只是简单推广），我们需要找到的变换应保持 $c^2t^2 - x^2$ 不变。对于平方差不变的线性变换，我们需要的是平方差为常数的恒等式。双曲函数①就满足需要的关系②：

$$\cosh^2\eta - \sinh^2\eta = 1 \tag{4.8}$$

利用这个关系，我们可以令

$$\left.\begin{array}{l} ct \to ct\cosh\eta + x\sinh\eta \\ x \to ct\sinh\eta + x\cosh\eta \end{array}\right\} \tag{4.9}$$

显然，在这个变换下，$c^2t^2 - x^2$ 保持不变。这就是洛伦兹变换。

当然，这并不是我们熟悉的形式，因为我们不熟悉变换参数 η。为把 η 变成我们熟悉的形式，要求这个变换在低速运动下回到伽利略变换，即

$$\left.\begin{array}{l} ct \to ct \\ x \to \dfrac{u}{c}ct + x \end{array}\right\} \tag{4.10}$$

以比较出参数 η 的物理意义。注意，我们总是把 ct 写在一起，以保持其与 x 具有相同的单位（长度）。

把双曲函数按 η 做泰勒展开，式 (4.10) 的变换就成了

$$\left.\begin{array}{l} ct \to (1 + \dfrac{1}{2}\eta^2 + \cdots)ct + (\eta + \cdots)x \\ x \to (\eta + \cdots)ct + \left(1 + \dfrac{1}{2}\eta^2 + \cdots\right)x \end{array}\right\} \tag{4.11}$$

---

① $\cosh\eta = \dfrac{e^\eta + e^{-\eta}}{2}$, $\sinh\eta = \dfrac{e^\eta - e^{-\eta}}{2}$。

② 满足这样关系的函数不止双曲函数，正割正切函数也满足同样关系，$\sec^2\eta - \tan^2\eta = 1$。使用哪一组关系都可以，不影响讨论。这些函数之间存在变换关系。

若要求这一变换在低速运动下就是伽利略变换，则从时间 ct 的变换上可以看出，η 只能是一个低速运动下可忽略的小量；进一步从 x 的变换上可以看出，η 的最低阶项应为 u/c。据此，我们知道变换函数就是 u/c 的函数。为方便起见，定义

$$\beta = \frac{u}{c} \tag{4.12}$$

再引入一个在 β 趋于 0 时趋于 1 的函数 $\gamma(\beta)$，我们就可以将期望得到变换写为

$$\left.\begin{array}{l} ct \to \gamma(\beta)(ct + \beta x) \\ x \to \gamma(\beta)(\beta ct + x) \end{array}\right\} \tag{4.13}$$

显然，这个变换在 β 趋于 0 时就是伽利略变换。

现在我们可直接通过比较得出 $\gamma(\beta)$ 的函数形式以及 η。比较可得

$$\left.\begin{array}{l} \gamma(\beta) = \cosh\eta \\ \beta\gamma(\beta) = \sinh\eta \end{array}\right\} \tag{4.14}$$

首先利用双曲函数的恒等式，有

$$\gamma^2(\beta)(1 - \beta^2) = 1 \tag{4.15}$$

从而推出

$$\gamma(\beta) = \frac{1}{\sqrt{1 - \beta^2}} \tag{4.16}$$

代回到式 (4.14) 的变换中，得到的正是洛伦兹变换。再直接计算，由

$$\frac{\sinh\eta}{\cosh\eta} = \beta \Rightarrow \eta = \frac{1}{2}\log\frac{1 + \beta}{1 - \beta} \tag{4.17}$$

无量纲量 η 被称为**快度**$(-\infty < \eta < \infty)$，是一个相对论性粒子碰撞实验中常用的物理量。

从前面的分析我们看到，若要求时空间隔不变，则我们自动获得洛伦兹变换。洛伦兹变换可被看作四维时空的转动变换，只不过这个转动并不是我们熟悉的三维平直空间的转动。三维平直空间中的转动是球面上的转动，洛伦兹变换是马鞍面上的转动。

4.1.3 洛伦兹变换：四维时空转动

在讨论转动问题时，我们使用了李群这一数学工具。现在，我们将洛伦兹变换当成是四维时空的转动，来看看如何用李群来描述这种转动。

我们用双曲函数实现了 ct-x 平面上的"转动"，转动矩阵为

$$B = \begin{pmatrix} \cosh\eta & \sinh\eta \\ \sinh\eta & \cosh\eta \end{pmatrix} \tag{4.18}$$

按我们讨论三维转动的方式，首先讨论无限小变换。当我们做一个无穷小变换 $\Delta\eta$ 时，转动矩阵

$$B = \begin{pmatrix} 1 & \Delta\eta \\ \Delta\eta & 1 \end{pmatrix} = \begin{pmatrix} 1 & 0 \\ 0 & 1 \end{pmatrix} + \Delta\eta \begin{pmatrix} 0 & 1 \\ 1 & 0 \end{pmatrix} \tag{4.19}$$

定义

$$K = \mathrm{i} \begin{pmatrix} 0 & -1 \\ -1 & 0 \end{pmatrix} \tag{4.20}$$

则

$$B = I + \mathrm{i}\Delta\eta K \tag{4.21}$$

易证，K 满足代数关系

$$K^2 = -I, \quad K^3 = -K, \quad K^4 = I \tag{4.22}$$

再类似于三维转动问题的推导，将无限小转动参数推广为有限参数，我们有

$$B = \mathrm{e}^{\mathrm{i}\eta K} = \begin{pmatrix} \cosh\eta & \sinh\eta \\ \sinh\eta & \cosh\eta \end{pmatrix} \tag{4.23}$$

这就是洛伦兹变换矩阵（一个特例，时空中只有一维时间与一维空间）。若只关心抽象的代数，则 K 就是这种变换的生成元。若我们讨论的不是简单二维问题，而是 t-xyz 空间中的 tx 平面上的转动（与 y,z 没关系，或者说 y,z 不变），那么生成元 K 就是

$$K = \mathrm{i} \begin{pmatrix} 0 & -1 & 0 & 0 \\ -1 & 0 & 0 & 0 \\ 0 & 0 & 0 & 0 \\ 0 & 0 & 0 & 0 \end{pmatrix} \tag{4.24}$$

对应的转动矩阵 B 就是

$$B = \mathrm{e}^{\mathrm{i}\eta K} = \begin{pmatrix} \cosh\eta & \sinh\eta & 0 & 0 \\ \sinh\eta & \cosh\eta & 0 & 0 \\ 0 & 0 & 1 & 0 \\ 0 & 0 & 0 & 1 \end{pmatrix} \tag{4.25}$$

我们接着将洛伦兹变换推广到整个四维时空。有了研究三维转动的经验，我们可直接写出洛伦兹变换的生成元。三维平直空间的转动变换需要三个生成元，即三个转动轴。四维时空一共可以有 $C_4^2 = 6$ 个平面（两个维度构成一个平面），因而四维时空的转动变换需要六个生成元，即需要六个转动轴。这六个面分别是由两个空间维度构成的三个平面，即 xy, xz, yz 面，在这样的平面上的转动就是我们所熟悉的普通空间的转动，其生成元我们已在前面讨论过；还有由时间维度和一个空间维度构成的三个平面，即 tx, ty, tz 面，我们将其中的转动称为"时转动"[①]，其生成元就是本节得到的形式。

两个空间维度构成的平面上的转动的生成元为（用 $1, 2, 3$ 分别代替 x, y, z）

$$J_1 = \mathrm{i} \begin{pmatrix} 0 & 0 & 0 & 0 \\ 0 & 0 & 0 & 0 \\ 0 & 0 & 0 & -1 \\ 0 & 0 & 1 & 0 \end{pmatrix}, J_2 = \mathrm{i} \begin{pmatrix} 0 & 0 & 0 & 0 \\ 0 & 0 & 0 & 1 \\ 0 & 0 & 0 & 0 \\ 0 & -1 & 0 & 0 \end{pmatrix},$$

$$J_3 = \mathrm{i} \begin{pmatrix} 0 & 0 & 0 & 0 \\ 0 & 0 & -1 & 0 \\ 0 & 1 & 0 & 0 \\ 0 & 0 & 0 & 0 \end{pmatrix} \tag{4.26}$$

对应的三个平面上的转动分别为 $\mathrm{e}^{\mathrm{i}\theta_1 J_1}, \mathrm{e}^{\mathrm{i}\theta_2 J_2}, \mathrm{e}^{\mathrm{i}\theta_3 J_3}$。这些生成元满足的关系为

$$[J_i, J_j] = \sum_{k=1}^{3} \mathrm{i}\epsilon_{ijk} J_k \tag{4.27}$$

---

① 时间–空间平面上的转动名称不统一，在不同的书上你会看到"推进""赝转动"等一系列名字。英文里被称为"boost"，这个词带有加速的意思。从最狭隘的洛伦兹变换上看，洛伦兹变换指的是一个静止参考系到另一个相对运动参考系的变换，因而速度会变化，所以用了 boost 这个词表示这种变换。但是，我们已经明白，洛伦兹变换更一般的意义指的是四维时空中的转动变换，因而在本书中，我们将其中时间–空间维度中的转动称为"时转动"。或许你可以想到一个更好的名字。

其中 ϵ_{ijk} 为全反对称张量，且 $\epsilon_{123} = 1$。时间和一个空间维度构成的平面上的时转动的生成元为

$$K_1 = \mathrm{i} \begin{pmatrix} 0 & -1 & 0 & 0 \\ -1 & 0 & 0 & 0 \\ 0 & 0 & 0 & 0 \\ 0 & 0 & 0 & 0 \end{pmatrix}, \quad K_2 = \mathrm{i} \begin{pmatrix} 0 & 0 & -1 & 0 \\ 0 & 0 & 0 & 0 \\ -1 & 0 & 0 & 0 \\ 0 & 0 & 0 & 0 \end{pmatrix},$$

$$K_3 = \mathrm{i} \begin{pmatrix} 0 & 0 & 0 & -1 \\ 0 & 0 & 0 & 0 \\ 0 & 0 & 0 & 0 \\ -1 & 0 & 0 & 0 \end{pmatrix} \tag{4.28}$$

对应的三个平面上的转动分别为 $\mathrm{e}^{\mathrm{i}\eta_1 K_1}, \mathrm{e}^{\mathrm{i}\eta_2 K_2}, \mathrm{e}^{\mathrm{i}\eta_3 K_3}$。这些生成元满足的关系为

$$[K_i, K_j] = -\sum_{k=1}^{3} \mathrm{i}\epsilon_{ijk} J_k \tag{4.29}$$

同时，两种不同转动的生成元之间还满足对易关系

$$[J_i, K_j] = \sum_{k=1}^{3} \mathrm{i}\epsilon_{ijk} K_k \tag{4.30}$$

一个最一般的四维时空转动变换可以写成

$$\mathrm{e}^{\mathrm{i}\theta_1 J_1}, \mathrm{e}^{\mathrm{i}\theta_2 J_2}, \mathrm{e}^{\mathrm{i}\theta_3 J_3}, \mathrm{e}^{\mathrm{i}\eta_1 K_1}, \mathrm{e}^{\mathrm{i}\eta_2 K_2}, \mathrm{e}^{\mathrm{i}\eta_3 K_3} \tag{4.31}$$

六种变换的组合。这六种变换构成的群被称为洛伦兹群，用 $SO(1,3)$ 表示。J_i 与 K_i 所满足的三组对易关系就是洛伦兹群的李代数。需要注意的是，由于生成元之间不对易，即不满足交换律，因而组合的顺序影响组合的结果，即

$$\mathrm{e}^A \mathrm{e}^B \neq \mathrm{e}^B \mathrm{e}^A \tag{4.32}$$

这也是我们所说的有限转动不可交换顺序。若我们讨论的无限小转动，则可做展开并忽略高阶项，因为

$$\mathrm{e}^A \mathrm{e}^B = (I + A)(I + B) = I + A + B = (I + B)(I + A) = \mathrm{e}^B \mathrm{e}^A \tag{4.33}$$

加法总是满足交换律。

4.1.4 更一般的时空变换

在前面的讨论中，我们把时空间隔不变当成基本要求或者说狭义相对论的基本原理，从中得到了代表四维时空转动变换的洛伦兹变换。需要指出的是，前面所得到的洛伦兹变换并不是唯一能使时空间隔保持不变的变换。在最一般的情况下，一个变量的线性变换形式上应为

$$x \to ax + b \tag{4.34}$$

其中的 a 与 b 可以是单纯的常数，也可以是矩阵（取决于是否是多维空间）。从物理的角度看，对时空坐标的一般性线性变换只能包含伸缩、平移、转动与反演四种情况。每一个线性变换都是这四种情况的某一种或者是几种的混合。更具体的，我们可以说

$$\left.\begin{array}{ll} a \geqslant 0\text{且}a \neq 1, b = 0 & \text{（伸缩）} \\ a = 1, b\text{为常数} & \text{（平移）} \\ x\text{为多分量}, a\text{的不同分量通过参数关联} & \text{（转动）} \\ a = -1, b = 0 & \text{（反演）} \end{array}\right\} \tag{4.35}$$

其中前三种为连续变换，即可有无限小变换的变换；最后一种反演变换为分立变换，空间坐标和时间坐标的反演变换分别被称为**宇称变换**和**时间反演变换**[①]。

显然，伸缩不可能保持间隔不变，我们不考虑这种情况。因而，能使间隔保持不变的最一般的线性变换为平移（时间平移与空间平移）、四维时空转动（即前面讨论的洛伦兹变换）与时空反演（包括时间反演与宇称变换）。更广义的洛伦兹变换指的是前面讨论过的洛伦兹变换加上时空反演变换。洛伦兹变换与平移变换结合到一起构成一个更大的群，这个群被称为**庞加莱群**，有十个生成元（六个转动加四个平移）。

4.2 闵可夫斯基空间与时空物理

明确时间与空间应该放在一起讨论后，我们就应该将描述粒子的坐标从普通的空间坐标推广到四维时空坐标。数学家闵可夫斯基建立了方便的符号系统，使我们可以简洁地进行有关讨论，因此我们将时间和空间坐标合在一起构成的时空称为闵可夫斯基空间。闵可夫斯基空间具有我们前面

[①] 《尸子》："上下四方曰宇，往古来今曰宙。"即宇代表空间，宙代表时间。宇称就是空间的对称，也就是镜像变换或者左右手变换。宇称变换也可以称为空间反演变换，但是人们并未将时间反演变换称为"宙称变换"。

讨论过的四维时空间隔不变性，或者说四维时空转动不变性，即洛伦兹变换不变性。

4.2.1　四维时空与四维矢量

在讨论位置矢量的时候，我们经常用不同的矢量形式来表示位置矢量，比如在直角坐标系下，常常将位矢表示成

$$\boldsymbol{r} = x\boldsymbol{e}_x + y\boldsymbol{e}_y + z\boldsymbol{e}_z \quad 或 \quad \boldsymbol{r} = (x, y, z) \tag{4.36}$$

我们也常常用数字 $1, 2, 3$ 来分别代替字母 x, y, z 所表示的不同方向，如

$$\boldsymbol{x} = x_1\boldsymbol{e}_1 + x_2\boldsymbol{e}_2 + x_3\boldsymbol{e}_3 \quad 或 \quad \boldsymbol{x} = (x_1, x_2, x_3) \tag{4.37}$$

这样写的好处是很容易写出求和形式，比如内积就可以写成

$$\boldsymbol{x}^2 = |\boldsymbol{x}|^2 = x_1^2 + x_2^2 + x_3^2 = \sum_{i=1}^{3} x_i^2 \tag{4.38}$$

利用求和号可写成最后的简洁形式。求和号的好处我们已在转动惯量的部分了解过。

在狭义相对论中，由于三维空间被升级成了四维闵可夫斯基空间，我们的三维矢量就必须升级为四维矢量（四矢量）。但是，由于空间坐标和时间坐标的单位不一样，所以得将四维矢量中时间部分写成 ct 以保证物理单位相同。定义四维时空坐标矢量

$$x^\mu = (ct, x, y, z) \quad 或 \quad x^\mu = (x^0, x^1, x^2, x^3) \tag{4.39}$$

人们通常用 x^μ 表示时空坐标矢量，μ 取 $0, 1, 2, 3$。在这种符号系统中，人们常用希腊字母，如 μ, ν, ρ 等，表示四维标签，即 $0, 1, 2, 3$；而用英文字母，如 i, j, k 等，表示三维空间标签，即 $1, 2, 3$。

在牛顿力学里，除了空间坐标外，还有其他的矢量，如速度、加速度等。在狭义相对论的框架内，也需要把各种矢量型的物理量升级为四维矢量。将物理理论用四维矢量表示出来，可以更好地体现我们前面的要求，即一切惯性系要在洛伦兹变化下保持形式不变。类似于时空坐标，也可以将其他的四维矢量都写成同样的形式，如

$$A^\mu = (A^0, A^1, A^2, A^3) \tag{4.40}$$

特别常用的一个四维矢量是**能量动量矢量**,即将能量和动量组合在一起构成的一个矢量(下一节具体讨论):

$$p^\mu = \left(\frac{E}{c}, \boldsymbol{p}\right) \tag{4.41}$$

这个四维矢量被称为四维动量。

需要指出的是,一个物理量被称为四维矢量,除了要有四个分量外,还要满足正确的变换性质。矢量、张量这些名词都是在转动下定义的。内积定义了空间,保持内积不变的连续齐次变换就是转动。在空间坐标作转动时,按照同样的方式作转动变换的物理量就被称为矢量。同样的还有张量,只不过张量的每一个指标都要按照空间坐标转动的方式转动。还需要注意全反对称张量 ϵ_{ijk} 这样的张量。按照转动变换考虑, ϵ_{ijk} 是一个张量。但是 ϵ_{ijk} 在宇称变换下并不同于普通的奇数阶张量。ϵ_{ijk} 是一个常数矩阵,在各个坐标系中都一样,因而宇称变换时没有负号出现,而一个矢量或奇数阶张量本应在宇称变换下有一个负号。像全反对称张量 ϵ_{ijk} 这样转动下具有张量性质而宇称变换下不改变符号的张量被称为**赝张量**。

我们认为这个世界的时空满足间隔不变的要求。间隔不变定义了时空的内积,也相应地定义了洛伦兹变换(四维时空中的转动)。狭义相对论的世界中,时空是作为一个整体存在的。在这个四维时空中,坐标的内积被定义为

$$c^2t^2 - x^2 - y^2 - z^2 \tag{4.42}$$

若我们讨论两个不同的时空点, $\xi_1 = (ct_1, x_1, y_1, z_1)$ 与 $\xi_2 = (ct_2, x_2, y_2, z_2)$,则这两个时空点的差还是一个四维矢量 $(c(t_1-t_2), (x_1-x_2), (y_1-y_2), (z_1-z_2))$。这个四维差矢量的内积就是这两个不同时空点的间隔:

$$\begin{aligned}
\Delta s &= \sqrt{c^2(t_1-t_2)^2 - (x_1-x_2)^2 - (y_1-y_2)^2 - (z_1-z_2)^2} \\
&= \sqrt{(\xi_1-\xi_2)\cdot(\xi_1-\xi_2)} = \sqrt{(\xi_1-\xi_2)^2}
\end{aligned} \tag{4.43}$$

这样写出的间隔的形式太长,我们可以用简单的符号约定来写出这些内积。

4.2.2　度规

由于经常需要计算两个四矢量的内积,使用度规来表示内积是一个比较方便的做法。度规就是一种空间的定义,知道了一种空间的度规,就知道了这种空间的几何。人们用度规来定义某种空间的内积,或者说长度(该

空间中的不变量）。对于某个 n 维空间，其中的 n 维矢量 x 的内积可以写作

$$x^2 = x \cdot x = \sum_{i=1}^{n} \sum_{j=1}^{n} g_{ij} x_i x_j \tag{4.44}$$

这里的 g_{ij} 就是度规。度规是一个 $n \times n$ 的矩阵。由于度规也满足其所在空间的转动要求，度规也是一个张量。人们将 g_{ij} 称为**度规张量**或**度规矩阵**，简称度规。

很明显，我们生活在其中的这个三维空间，其度规就是

$$g = \begin{pmatrix} 1 & 0 & 0 \\ 0 & 1 & 0 \\ 0 & 0 & 1 \end{pmatrix} \tag{4.45}$$

在狭义相对论中所讨论的四维时空的度规是

$$g = \begin{pmatrix} 1 & 0 & 0 & 0 \\ 0 & -1 & 0 & 0 \\ 0 & 0 & -1 & 0 \\ 0 & 0 & 0 & -1 \end{pmatrix} \tag{4.46}$$

在度规的定义中，我们看到出现了两个求和号。在讨论这种问题时，由于经常用到内积，因而会有大量的求和号，直接将求和号写出来就很不方便。为简便起见，人们通常会用更简单的记号，即上下标的记号方案。在这个记号方案里，只要两个同样标记一上一下地出现，就默认代表求和，不再显式地写出求和号。比如前文引入度规时我们用了两个求和号，现在就把这个求和换一种写法：

$$\sum_{i=1}^{n} \sum_{j=1}^{n} g_{ij} x_i x_j \Rightarrow g_{ij} x^i x^j \tag{4.47}$$

指标 i 在 g_{ij} 中是下标，在 x^i 中是上标，所以默认要求和。对 j 也是同样。这样一来，写法就简单多了。

进一步地，我们还可以区分上下标的量。通常，人们将有上标的矢量称为**逆变**矢量，而有下标的矢量称为**协变**矢量[①]。对于张量也同样理解。需

---

① 协变（covariant）和逆变（contravariant），只是些没有任何物理和数学意义的名称而已，不知道也可以。

要特别注意的是，协变矢量和逆变矢量的时间分量相同，空间分量则由于度规而相差一个负号。根据我们的符号约定，协变矢量和逆变矢量通过度规矩阵联系起来，如

$$x_\mu = g_{\mu\nu}x^\nu, \quad x^\mu = g^{\mu\nu}x_\nu \tag{4.48}$$

因而会有这个负号的差别。人们一般约定将空间分量的负号放在协变矢量上，如

$$x^\mu = (ct, \boldsymbol{r}) = (ct, x, y, z), \quad x_\mu = (ct, -\boldsymbol{r}) = (ct, -x, -y, -z) \tag{4.49}$$

有了以上的这些约定，我们就可以将内积用上下标的方式表示出来，比如

$$x^2 = x_\mu x^\mu = g_{\mu\nu}x^\mu x^\nu = g^{\mu\nu}x_\mu x_\nu = x_0^2 - x_1^2 - x_2^2 - x_3^2 \tag{4.50}$$

注意，在这套符号体系中，相同标记永远不同时为上（下）标。我们只写 $x_\mu x^\mu$ 这样的表达式。一旦写成了 $x^\mu x^\mu$ 就是写错了[①]。

4.2.3　时空的划分

根据内积的符号，时空点的间隔被分成三种类型，即**类时间隔**、**类光间隔**和**类空间隔**，分别有不同的因果关系，参见表 4.1。

表 4.1　时空间隔的分类

$(\xi_1 - \xi_2)^2$	间隔类型	因果关系
> 0	类时间隔	有因果关系
$= 0$	类光间隔	只能通过光产生因果关系
< 0	类空间隔	无因果关系

对于任何一个时空点来说，所有其他的时空点都被分到了不同的区域，人们一般用光锥来直观地描述这些不同区域。四维时空的光锥难以画出，我们用一个二维空间一维时间的时空（$t - xy$）来说明光锥对时空的划分，如图 4.2 所示。我们将某一时空点放在坐标系的原点（O 点）上，三维曲面 $c^2t^2 - x^2 - y^2 = 0$ 将时空划分成了不同部分，这个曲面被称为该时空点（位于原点）的光锥。光锥外的空间中的时空点与原点之间成类空间隔，二者之间无论如何也没有因果关系，这个区域被称为原点的**绝对间隔**。曲

---

① 有一些作者不喜欢上下这种区分，在他们的书中，只有下标或只有上标。相同标记代表求和一般都是默认的。由于大家用法不同，在读每一本书前，要先看看书中的"约定"（一般出现在所有章节的最前面）。

面内的时空点与原点成类时间隔，有因果关系。根据时间是否大于零，与原点成类时间隔的时空区域可进一步被分为**绝对未来**和**绝对过去**。与该时空点成类光间隔的时空点被称为在**光锥**上。光锥就是区分有没有因果联系的面。位于光锥上的时空点与原点之间只能通过光产生因果联系。

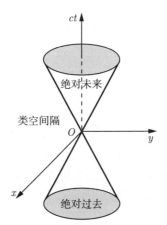

图 4.2　光锥对时空的划分

光锥内的时空点与 O 点是类时间隔，有因果关系；光锥外的时空点与 O 点是类空间隔，无因果关系；光锥上的时空点与 O 点是类光间隔，只能通过光产生因果关系。

两个时空点 $(0, \boldsymbol{r}_1)$ 与 $(0, \boldsymbol{r}_2)$ 之间就是类空间隔，这两个时空点之间没有因果关系。你可以将这两个时空点想象成此时此刻的北京与纽约。此时此刻的北京发生了什么，不会对此时此刻的纽约产生任何影响。此时此刻的北京和明天的纽约这两个时空点之间就是类时间隔了。也就是说，此时此刻北京发生的事，会影响到明天的纽约。比如某家在纳斯达克上市的北京公司今天有重大利好，那么明天纽约的交易所里该公司的股价就会上涨。

光锥将时空分成了绝对间隔、绝对未来与绝对过去这三个区域。洛伦兹变换可以将一个时空点变成另一个时空点，但是变换只能发生在某一个时空区域内。洛伦兹变换没法将一个位于绝对未来的点变到绝对间隔。洛伦兹变换是保有时空间隔的变换，不能将时空间隔由正变负或者反之。同样的，洛伦兹变换也不能将过去变成未来或者反之[①]。

---

① 注意这里说的洛伦兹变换是较为狭义的洛伦兹群的表示。若只要求保有时空间隔，洛伦兹群可以是一个更大的群，这个更大的洛伦兹群包含我们目前讨论的洛伦兹群和时间反演变换与空间反演变换（宇称变换）。只要求保有时空间隔，则洛伦兹变换矩阵的行列式可为 ±1；矩阵的零行零列分量可大于等于 1，也可小于等于 −1。我们在本书中讨论的洛伦兹变换指的是行列式为 1，零行零列分量大于等于 1 的洛伦兹变换。我们不在本书中过度讨论这些较为数学的内容。

4.2.4 固有时与世界线

由于各个惯性系都是等价的，且时间在不同的惯性系中是不同的，因而在涉及讨论时间问题时总有一定的混乱感。为便于讨论，我们还是需要一个特殊的惯性系。事实上总是存在一个特殊的惯性系，这个惯性系就是相对于我们静止的惯性系。我们将相对于我们静止的惯性系中的时间称为**固有时**[①]。我们对自己寿命的理解就是基于固有时，按固有时计算的寿命就是固有寿命。固有时就是我们手上的表（跟我们一起运动）所显示的时间。更一般地，相对于某个物体静止的表所显示的时间，就是那个物体的固有时。

若有一个物体相对于我们运动（不必是匀速运动），我们看到它在无限小时间 dt 内运动了 $dr = \sqrt{dx^2 + dy^2 + dz^2}$。但在它认为自己静止的惯性系里，它没有运动，只是过了一段时间 dt'（固有时）。在无限小时间内的运动可被看作是匀速运动，因而我们的参考系与它自己的参考系就是彼此等价的惯性系。由于间隔不变，因而

$$c^2 dt^2 - dx^2 - dy^2 - dz^2 = c^2 dt'^2 \tag{4.51}$$

从而得到

$$dt^2 - \frac{dx^2 + dy^2 + dz^2}{c^2} = dt'^2 \tag{4.52}$$

于是

$$dt' = dt\sqrt{1 - \frac{dx^2 + dy^2 + dz^2}{c^2 dt^2}} \tag{4.53}$$

很明显

$$\sqrt{\frac{dx^2 + dy^2 + dz^2}{dt^2}} = v \tag{4.54}$$

就是我们所看到的该物体的运动速度。所以，我们有

$$dt' = dt\sqrt{1 - \frac{v^2}{c^2}} \tag{4.55}$$

由于 $\sqrt{1 - \dfrac{v^2}{c^2}}$ 是一个小于 1 的因子，因而 dt' 总是小于 dt。这就是说，一个物体的固有寿命总是小于它被看作是在运动情况下的寿命。一个常被讨论到的例子是穿越大气层的 μ 子。μ 子是一种基本粒子，除了质量和寿命，

---

① 固有时，proper time。

它在各方面几乎都与电子一样。宇宙射线中有很多 μ 子。但是 μ 子的寿命很短，约为 2.2μs。按它的寿命，宇宙射线中的 μ 子没有足够多的时间穿越大气层来到地面上的观测站。然而我们的确能够在地面上观测到穿越了大气层来到地面的 μ 子。当 μ 子高速运动（我们看到的）时，它的寿命（我们认为的）大于它的固有寿命，因而它有更多时间完成这次穿越，进入我们的观测设备而被发现。我们前面讨论了无限小（匀速）的情况。对于一般性的运动，有

$$\Delta t' = \int \mathrm{d}t \sqrt{1 - \frac{v^2}{c^2}} \tag{4.56}$$

这里的 v 可以随时间变化。但是，无论怎么变化，因子 $\sqrt{1 - \frac{v^2}{c^2}}$ 都小于 1。运动状态下物体的时间总是多于静止状态下的时间。或者说，运动的钟表总是比静止的钟表慢一些。

　　讨论时空问题（特别是广义相对论问题）时，另一个常用的概念是世界线[①]。在某一个四维时空的参考系中，任何一个物体都有一个四维坐标（包括时间坐标与空间坐标），这个坐标被称为该物体的世界点。不论物体运动或静止，物体的世界点（物体在四维时空中的坐标）都会在四维坐标系中划出一条线，这条线被称为该物体的**世界线**。即便物体静止，也只有物体的空间坐标保持不变，而其世界点将沿着时间轴向前划出。

4.3　相对论力学

　　在前面的章节中，讨论了最小作用量原理。我们知道一个体系的作用量决定着这个体系的运动方程或者说物理规律。在前面的讨论中，我们讨论的都是非相对论性的作用量。现在我们知道，四维时空应作为一个整体统一考虑，在最一般的情况下的物理理论应该是相对论性理论。因而我们想要知道相对论性的作用量及从作用量出发的运动方程等力学公式应该是什么样子。

4.3.1　相对论性自由粒子的拉格朗日量

　　我们还是先来讨论最简单的自由粒子的情况。由于作用量决定了一个体系的物理规律，又由于我们要求物理规律对于所有惯性系都有相同的形式。因此，我们构建的相对论性作用量一定得是洛伦兹变换下的不变量。由于自由粒子不受任何相互作用的影响（所以被称为自由），因而其具有

---

　　① 世界线，world line。

高度的一般性，我们能用来构建作用量的选择不多。最一般的洛伦兹变换不变量就是时空间隔，因而我们可以将自由粒子的作用量写作

$$S = \alpha \int \mathrm{d}s \tag{4.57}$$

其中 $\mathrm{d}s$ 为该粒子的时空坐标间隔，而 α 为与该粒子基本性质有关的待定常数。在某个惯性参考系中

$$\mathrm{d}s = \sqrt{c^2\mathrm{d}t^2 - \mathrm{d}x^2 - \mathrm{d}y^2 - \mathrm{d}z^2} = c\sqrt{1 - \frac{v^2}{c^2}}\mathrm{d}t \tag{4.58}$$

其中 v 为该粒子在这个惯性系中的速度。由于作用量是拉氏量的时间积分，因而自由粒子的拉氏量

$$L = \alpha c\sqrt{1 - \frac{v^2}{c^2}} \tag{4.59}$$

为了确定下来常数 α，我们可以与非相对论性自由粒子的拉氏量对比。在低速运动（非相对论性）下，式 (4.59) 的拉氏量可以按 v^2/c^2 展开，即

$$L = \alpha c\left(1 - \frac{v^2}{2c^2} + \mathcal{O}\left(\frac{v^4}{c^4}\right)\right) \tag{4.60}$$

这个展开式的第一项 αc 是一个纯粹的常数，而我们知道常数在变分时为零因而不影响运动方程，可将其丢掉。因而，在忽略高阶项的情况下，非相对论性自由粒子的拉氏量

$$L = -\alpha\frac{v^2}{2c} \tag{4.61}$$

我们早就知道非相对论性自由粒子的拉氏量就是动能项 $mv^2/2$。二者比较，我们得到 $\alpha = -mc$。因此，相对论性自由粒子的拉氏量

$$L = -mc^2\sqrt{1 - \frac{v^2}{c^2}} \tag{4.62}$$

4.3.2 质能关系

按照拉格朗日力学中动量的定义，我们可以立即得到相对论性自由粒子的动量

$$\boldsymbol{p} = \frac{\partial L}{\partial \boldsymbol{v}} = \frac{m\boldsymbol{v}}{\sqrt{1 - \frac{v^2}{c^2}}} \tag{4.63}$$

显然,在低速运动下,分母就变成了 1,而动量就变成了我们熟悉的 $m\boldsymbol{v}$。从动量公式中可以看出,相对论与非相对论的区别就表现在分母这个因子上。

从这里可以看出,若我们把 $m/\sqrt{1-\dfrac{v^2}{c^2}}$ 看作是粒子的质量,那么动量的定义跟牛顿力学是一样的,在低速运动下根号因子变为 1,一切没有变化。为了区分牛顿力学中的质量 $m/\sqrt{1-\dfrac{v^2}{c^2}}$ 与 m,我们将 m 称为静止质量。一般情况下没有必要做这种区分,我们就直接将 m 称为质量。

再根据讨论时间平移不变性时给出的守恒量——能量——的定义,有

$$E = \boldsymbol{p} \cdot \boldsymbol{v} - L = \frac{mc^2}{\sqrt{1 - \dfrac{v^2}{c^2}}} \tag{4.64}$$

这就是相对论性自由粒子的能量。

对于能量和动量,我们也可以换一个角度看。在讨论对称性守恒量的章节中,我们给出了作用量本身与能量和动量的关系,即

$$\frac{\partial S}{\partial t} = -E, \quad \frac{\partial S}{\partial \boldsymbol{r}} = \boldsymbol{p} \tag{4.65}$$

在相对论中,时间与空间构成四维时空,三维空间坐标被替换成了四维时空坐标 $x^\mu = (ct, \boldsymbol{r})$,这使得我们可以利用上面的关系定义一个新的四维矢量 p:

$$p^\mu = -\frac{\partial S}{\partial x_\mu} \tag{4.66}$$

具体写出即为

$$\left.\begin{array}{l} p^0 = -\dfrac{\partial S}{\partial x_0} = -\dfrac{\partial S}{c \partial t} = \dfrac{E}{c} \\[3mm] p^i = -\dfrac{\partial S}{\partial x_i} = \dfrac{\partial S}{\partial x^i}, \quad i = 1, 2, 3 \end{array}\right\} \tag{4.67}$$

因此,这个新定义的四维矢量可以写作

$$p^\mu = \left(\frac{E}{c}, \boldsymbol{p}\right) \tag{4.68}$$

它被称为四维动量。简单的计算使我们发现,它的内积

$$p^2 = \frac{E^2}{c^2} - \boldsymbol{p}^2 = \frac{m^2 c^2}{1 - \dfrac{v^2}{c^2}} - \frac{m^2 \boldsymbol{v}^2}{1 - \dfrac{v^2}{c^2}} = m^2 c^2 \tag{4.69}$$

从中我们可以得到一个简单的关系

$$E^2 = \boldsymbol{p}^2 c^2 + m^2 c^4 \tag{4.70}$$

这个式子被称为**质能关系**，是狭义相对论最重要的结论之一。这个关系第一次让人类知道，质量和能量存在着深刻的内在联系，二者可以彼此转化。当一个粒子静止的时候，即动量为零时，我们有

$$E = mc^2 \tag{4.71}$$

它被称为粒子的静止能。一定的质量总是对应着一定的能量，这一结论直接催生了原子弹与整个核能利用技术。四维动量所满足的这个关系

$$p^2 = m^2 c^2 \tag{4.72}$$

被称为**在壳条件**①，是一切物理粒子，即现实世界中的粒子，必须要满足的关系。

4.3.3 电磁场中的粒子

讨论完自由粒子的相对论性理论后，我们再来看看有相互作用的相对论性理论应该是什么形式。我们尤其感兴趣的相互作用是电磁相互作用，这一方面是因为电磁相互作用无所不在，另一方面则是因为电磁理论天然就是相对论性理论。

考虑一个带电粒子，没有电磁场存在时，它就是一个自由粒子，其拉氏量已在前面给出。若有电磁场存在，则电磁场对这个粒子的影响应体现在拉氏量中。由于我们讨论的是相对论性理论，因而我们需要写出一个具有洛伦兹变换不变性的相互作用项添加到作用量中。表示粒子本身的量只能是其时空坐标和特定常数（如其质量、电荷等），因此我们只能用粒子的时空坐标与用以表示电磁场的物理量构成相互作用项。时空坐标天然是洛伦兹矢量，它需要跟另一个洛伦兹矢量做内积，才能构成一个可以当成作用量的洛伦兹标量。因此，我们引入一个洛伦兹矢量 $A_\mu(x)$ 来代表电磁场。由于作用量总是写成拉氏量对时间积分的形式，因此我们要求时空坐标也以积分的形式体现。考虑以上这些，我们可以将在电磁场中运动的带电粒子的作用量写作

$$S = -mc^2 \int \sqrt{1 - \frac{v^2}{c^2}} \mathrm{d}t + \beta \int A_\mu(x) \mathrm{d}x^\mu \tag{4.73}$$

---

① 这个方程体现的是内积的平方等于常数。在三维空间中，内积的平方 $x^2 + y^2 + z^2$ 等于常数的方程对应的几何是三维空间中的球壳。因此这个条件被称为在壳条件，只不过这里的"壳"不是球壳，而是一个不太好想象的马鞍面的壳。

其中 β 为与带电粒子自身性质有关的常数。这就是一个洛伦兹变换下的不变量。考虑到

$$\mathrm{d}x^\mu = \left\{ \begin{array}{l} c\mathrm{d}t \\ \mathrm{d}x^i \end{array} \right. = \left\{ \begin{array}{ll} c\mathrm{d}t, & \mu = 0 \\ v^i\mathrm{d}t, & \mu = i, \ i为1,2,3 \end{array} \right. \tag{4.74}$$

相互作用项可写作

$$\beta \int A_\mu(x)\mathrm{d}x^\mu = \beta \int (cA_0(x)\mathrm{d}t - \boldsymbol{A}(x)\cdot\boldsymbol{v}\mathrm{d}t) \tag{4.75}$$

因此，拉氏量中代表电磁场相互作用的项为

$$L_{电磁作用} = \beta(cA_0(x) - \boldsymbol{A}(x)\cdot\boldsymbol{v}) \tag{4.76}$$

在电磁场中运动的带电粒子的拉氏量可以写为

$$L = L_{自由} + L_{电磁作用} = -mc^2\sqrt{1 - \frac{v^2}{c^2}} + \beta(cA_0(x) - \boldsymbol{A}(x)\cdot\boldsymbol{v}) \tag{4.77}$$

需要强调的是，上面的分析并不应该被看作是一个"推导"。我们只是根据一般性的分析，试着猜想能够表示电磁场与带电粒子相互作用的拉氏量应该是什么样子。事实上，根据一般性分析，我们还可以在作用量中加入更复杂的项，比如

$$\int A_\mu(x)A_\nu(x)\mathrm{d}x^\mu\mathrm{d}x^\nu, \quad \int B_{\mu\nu}(x)\mathrm{d}x^\mu\mathrm{d}x^\nu, \quad \cdots \tag{4.78}$$

只要不违反一般性原则，比如洛伦兹不变性的要求，就可以随便加入这样的项。那么各种项中哪些是对的呢？这需要跟实验对比来判定。实验指的并不是某台设备上的数据，而是已经从实验中总结出来的规律，比如电荷守恒定律、洛伦兹力公式以及麦克斯韦方程组等。乍一看似乎多此一举，既然我们已经有了库仑定律之类的具体物理规律，为什么还需要再搞一套等价的公式系统，比如上面写的作用量呢？

人类在探索大自然的规律过程中得到了一个经验，即各种复杂的现象背后总是有着简单的规律，各种各样的规律如涓涓细流总是能汇成更一般性的很少几条规律。因此，我们希望利用一些一般性的原则，得出一些一般性的理论，希望这些一般性的理论，既能符合我们已经总结出的特殊规律，又具有更强大的一般性，帮助我们找到更具普遍性意义的规律。这就是我们总是把直观的规律抽象成一般性的原理的原因。

回到正在讨论的问题，我们已经有了一个所谓的理论，即一个特定的拉氏量，想要跟实验对比则需要将这个拉氏量对应的运动方程写出来。在初级阶段，人们总结出的规律总是以各种物理方程的形式呈现出来，所以现在我们也要比对方程。将我们写出的带电粒子的拉氏量代入欧拉-拉格朗日方程中。由

$$\frac{\partial L}{\partial \boldsymbol{r}} - \frac{\mathrm{d}}{\mathrm{d}t}\frac{\partial L}{\partial \boldsymbol{v}} = 0 \tag{4.79}$$

得到

$$\beta\nabla(cA_0 - \boldsymbol{A}\cdot\boldsymbol{v}) - \frac{\mathrm{d}}{\mathrm{d}t}\left(\frac{m\boldsymbol{v}}{\sqrt{1-\dfrac{v^2}{c^2}}} - \beta\boldsymbol{A}\right) = 0 \tag{4.80}$$

利用算符 ∇ 的复合运算公式[1]

$$\nabla(\boldsymbol{A}\cdot\boldsymbol{v}) = (\boldsymbol{A}\cdot\nabla)\boldsymbol{v} + (\boldsymbol{v}\cdot\nabla)\boldsymbol{A} + \boldsymbol{A}\times(\nabla\times\boldsymbol{v}) + \boldsymbol{v}\times(\nabla\times\boldsymbol{A}) \tag{4.81}$$

化简运动方程，得到

$$\beta c\nabla A_0 - \beta(\boldsymbol{v}\cdot\nabla)\boldsymbol{A} - \beta\boldsymbol{v}\times(\nabla\times\boldsymbol{A}) - \frac{\mathrm{d}}{\mathrm{d}t}(\boldsymbol{p} - \beta\boldsymbol{A}) = 0 \tag{4.82}$$

这里用到了粒子动量 $\boldsymbol{p}$ 的定义式，同时在式 (4.81) 中将所有 ∇ 作用于 $\boldsymbol{v}$ 的项都取为零，这是因为在拉格朗日力学中速度与坐标是独立变量，互相求导为零。再将 $\boldsymbol{A}$ 对时间的全导数写成偏导数

$$\frac{\mathrm{d}\boldsymbol{A}}{\mathrm{d}t} = \frac{\partial \boldsymbol{A}}{\partial t} + \sum_i \frac{\partial \boldsymbol{A}}{\partial x^i}\cdot\frac{\mathrm{d}x^i}{\mathrm{d}t} = \frac{\partial \boldsymbol{A}}{\partial t} + (\boldsymbol{v}\cdot\nabla)\boldsymbol{A} \tag{4.83}$$

并代入到运动方程中，整理后得到

$$\frac{\mathrm{d}\boldsymbol{p}}{\mathrm{d}t} = \beta\frac{\partial \boldsymbol{A}}{\partial t} + \beta c\nabla A_0 - \beta\boldsymbol{v}\times(\nabla\times\boldsymbol{A}) \tag{4.84}$$

这个方程的左边是动量的时间变化率，右边是我们引入的试图代表电磁场的外场 $A_0(x)$ 与 $\boldsymbol{A}(x)$。显然，这就是牛顿第二定律的形式，右边可能就是我们需要的电磁力。

---

[1] 这里的公式不太容易直接从左边想到，需要利用叉乘公式。前面我们讨论过叉乘的运算公式，因此可以分别写出这里右边最后两项的叉乘公式，相加就可得到左边。

根据我们已经熟悉的电磁学知识，带电粒子在电磁场中运动时将受到库仑力与洛伦兹力的作用，用牛顿第二定律表示出来就是[①]

$$\frac{\mathrm{d}\boldsymbol{p}}{\mathrm{d}t} = q\boldsymbol{E} + \frac{q}{c}\boldsymbol{v} \times \boldsymbol{B} \tag{4.85}$$

其中第一项为库仑力，第二项是洛伦兹力，q 为带电粒子的电荷。

将上面两个用牛顿第二定律分别表示的形式做对比，我们发现，只要将 β 取为 $-q/c$，就自然得到电场强度

$$\boldsymbol{E} = -\nabla A_0 - \frac{\partial \boldsymbol{A}}{c\partial t} \tag{4.86}$$

与磁感应强度

$$\boldsymbol{B} = \nabla \times \boldsymbol{A} \tag{4.87}$$

而这种形式，正是我们在学习电磁学时已经知道的标量势 A_0 和矢量势 $\boldsymbol{A}$ 的形式。电场是有源场，因此总可以写成标量势梯度的形式；磁场为无源场，总可以写成矢量势的旋度的形式。矢量势的时间偏导数的项代表的是磁生电的自然现象。

到了这里，我们知道前面写出的拉氏量的确能够代表在电磁场中运动的带电粒子所应满足的物理规律。这个拉氏量

$$L = L_{自由} + L_{电磁作用} = -mc^2\sqrt{1 - \frac{v^2}{c^2}} - \frac{q}{c}(cA_0(x) - \boldsymbol{A}(x) \cdot \boldsymbol{v}) \tag{4.88}$$

控制着带电粒子在电磁场中的运动。

若按类似的分析方式推广相互作用项的形式，就会得到新的理论。在做这样的推广时，也需要一些基本的原则来约束我们自己的思想，以使推广不致泛泛而毫无意义。按人们今天对大自然的认知，这些原则中最重要的就是对称性（狭义相对论也是对称性——四维时空转动不变性）。假定理论应满足某种对称性，然后根据其限制写出的拉氏量，得到运动方程，并与实验去做比较，以判断新的理论是否是大自然的理论，这就是人们常用的一种研究方式。比如我们可以将前面引入的 $A_\mu(x)$ 换成下面的形式

$$A_\mu(x) \rightarrow \sum_a A_\mu^a t^a \tag{4.89}$$

其中 t^a 是某个李群的生成元，满足关系

---

① 我们在这里用的是洛伦兹-亥维赛单位制下的电磁学公式，参见符号与约定。

$$[t^a, t^b] = \sum_c \mathrm{i} f^{abc} t^c \tag{4.90}$$

这样我们就得到了一个新的理论[1]，这个新理论中含有多个矢量场 A_μ^a。可以通过构造，使这个新理论满足 t^a 所代表的对称性。需要再次强调的是，单纯玩弄数学公式般的推广理论并没有实质性意义，也很难得到有价值的结果。推广理论的原则需要基于对物理的认识与猜测。而推广的结果，即所得到的新理论的正确性，则需要通过实验判定。若我们能够在实验上找到新理论预言的场，如 A_μ^a，那么我们就得到了一个新的能够描述大自然的物理理论。否则的话，这就只是简单的数学练习。

4.4 麦克斯韦方程组

有了前面的经验，我们现在可以转而探讨纯粹的电磁场方程——麦克斯韦方程组——的狭义相对论形式了。

4.4.1 协变形式的麦克斯韦方程组

由定义的电场强度和磁感应强度，结合算符 ∇ 的矢量乘法，可立即写出其满足的方程。对于电场强度有

$$\nabla \times \boldsymbol{E} = -\frac{\partial \boldsymbol{B}}{c \partial t} \tag{4.91}$$

对于磁场强度有

$$\nabla \cdot \boldsymbol{B} = 0 \tag{4.92}$$

这两个方程仅根据场的矢量性质得到。考虑到"源"（电荷与电流[2]），还会有另外两个方程。

在讨论另外两个与源有关的方程前，我们先来看看电场和磁场更合适的表示方法。将电场强度用 A_μ 具体写出来[3]。电场强度的各分量为

$$\left. \begin{aligned} E_1 &= \frac{\partial A_1}{\partial x^0} - \frac{\partial A_0}{\partial x^1} \\ E_2 &= \frac{\partial A_2}{\partial x^0} - \frac{\partial A_0}{\partial x^2} \\ E_3 &= \frac{\partial A_3}{\partial x^0} - \frac{\partial A_0}{\partial x^3} \end{aligned} \right\} \tag{4.93}$$

---

[1] 这类理论就是著名的杨-米尔斯场论，杨即杨振宁。杨-米尔斯场论是现代粒子物理标准模型的基础理论。

[2] 有些读者可能会注意到明明是电磁场，但我们提到源的时候只提电，而不提磁。这是因为人们在大自然中并没有发现"磁荷"。虽然如此，仍有很多人考虑过磁荷存在的可能性。电有正负，磁也有两极。而研究磁荷的人将磁荷称为"磁单极"。

[3] 注意，根据前面度规部分的讨论，$A_0 = A^0$，而 $A_i = -A^i$，$i = 1, 2, 3$。矢量 $\boldsymbol{A} = (A^1, A^2, A^3)$。

同样地，对磁感应强度，有

$$
\left.
\begin{aligned}
B_1 &= -\frac{\partial A_3}{\partial x^2} + \frac{\partial A_2}{\partial x^3} \\
B_2 &= -\frac{\partial A_1}{\partial x^3} + \frac{\partial A_3}{\partial x^1} \\
B_3 &= -\frac{\partial A_2}{\partial x^1} + \frac{\partial A_1}{\partial x^2}
\end{aligned}
\right\}
\tag{4.94}
$$

这里存在着非常明显的规律性。我们可以新引入一个全反对称张量 $F_{\mu\nu}$，定义为

$$
F_{\mu\nu} = \frac{\partial A_\nu}{\partial x^\mu} - \frac{\partial A_\mu}{\partial x^\nu}
\tag{4.95}
$$

则 $\boldsymbol{E}$ 与 $\boldsymbol{B}$ 都可以用 $F_{\mu\nu}$ 表示出来：

$$
E_i = F_{0i}; \quad B_i = -\frac{1}{2}\sum_{j,k}\epsilon_{ijk}F_{jk}
\tag{4.96}
$$

即

$$
E_1 = F_{01}, E_2 = F_{02}, E_3 = F_{03}; \quad B_1 = F_{32}, B_2 = F_{13}, B_3 = F_{21}
\tag{4.97}
$$

以后我们就称 A_μ 为电磁场，而将 $F_{\mu\nu}$ 称为场强张量。写成矩阵的形式为

$$
F_{\mu\nu} = \begin{pmatrix}
0 & E_1 & E_2 & E_3 \\
-E_1 & 0 & -B_3 & B_2 \\
-E_2 & B_3 & 0 & -B_1 \\
-E_3 & -B_2 & B_1 & 0
\end{pmatrix}
\tag{4.98}
$$

由于我们频繁地使用求四维时空偏导这一算符，为简单起见，我们定义一个新符号

$$
\partial_\mu = \frac{\partial}{\partial x^\mu}
\tag{4.99}
$$

用了这个符号，场强就可以写为

$$
F_{\mu\nu} = \partial_\mu A_\nu - \partial_\nu A_\mu
\tag{4.100}
$$

由于 $F_{\mu\nu}$ 明显的对称结构，我们立即就能发现其因自身结构而满足一个循环恒等式

$$
\partial_\mu F_{\nu\rho} + \partial_\nu F_{\rho\mu} + \partial_\rho F_{\mu\nu} = 0
\tag{4.101}
$$

若我们把每一个分量都写出来,你就会看到这是四个方程,实际上就是前面给出的磁生电方程和磁无源方程。

那么,由 $F_{\mu\nu}$ 构成的作用量应该是什么样子呢?原则上可以有无穷多可能,但是真实物理世界的规律——麦克斯韦方程组——会帮我们确定下来它唯一的样子。麦克斯韦方程组是一种场论,因而我们需要了解如何在拉格朗日力学下表述场论。

4.4.2 场论:无穷自由度系统理论

关于电磁场的理论是一种场论,场论是一种无穷自由度理论[①]。

很容易理解,在三维空间中自由运动的质点的自由度是 3,在桌面上自由运动的质点的自由度是 2。那么场的自由度为什么是无穷呢?

"场"是物理学中最重要的概念之一。所谓场,指的是某种物理量在时空中的分布。场既可以是某种物质,如电磁场;也可以是某个物质的某个性质,如温度场、速度场等。场既可以不随时间变化,也可以随时间变化。由于我们讨论的是四维时空中的场,因此我们一般性地将场说成是在时空中的分布。在更多其他非相对论情况下,如我们讨论过的流体的速度场,场只是速度这个物理量在空间中的分布。当然,在很多问题中,速度场也可随时间变化。在实验所及的尺度上,时空坐标是连续变化的[②],作为时空坐标函数的场在不同的时空点有不同的值。每一个时空点的场本身就是一个独立的自由度,在这个时空点上场的大小可以取不同值。由于有无穷多个时空点,因此场也有无穷多个自由度。当我们讨论三维空间中运动的粒子时,我们常用三个坐标 $x_i, i = 1, 2, 3$ 来表示其三个自由度,这里的 $i = 1, 2, 3$ 就是三个自由度的标签。讨论场论时,一个场 $F(x)$,它的标签就是 x 本身。x 是连续变化的实数[③],场 $F(x)$ 就代表着无穷多个自由度。两个不同时空点 x 与 y 处的场 $F(x)$ 与 $F(y)$ 是两个不同的自由度,正如 x_1 与 x_2 是两个不同的自由度。

在关于质点的理论中,用以表示拉氏量的广义坐标和广义速度就是质点在三维空间中的坐标和速度。在场论中,不同时空点的场本身就是自由度,因而广义坐标就是场本身,而广义速度就是场对时间的导数。对于我们讨论的电磁场,A_μ 就是广义坐标。

回到我们要讨论的电磁理论。我们把场本身作为基本的自由度,拉氏

---

① 为了不违背本书编写目的,我们不在这里对场论做充分展开,只对场论做引导性介绍。

② 我们现在还不清楚时空在足够小的尺度上是不是连续的。

③ 物理学中的很多变量都用连续变化的实数表示,如时空坐标,这一点本身就是一种近似。一方面我们并不知道时空在微观尺度是不是连续的;另一方面任意两个实数之间总有无穷多个实数,而物理量很难是这样的。

量应该是场的函数。最终决定物理规律的是作用量，作用量本身是拉氏量对时间的积分。在相对论的框架下，为保持洛伦兹对称性，决定物理规律的作用量应具有洛伦兹不变性。由于我们不能单独使用时间以保持四维协变性，因此，我们必须将拉氏量的时间积分写成四维时空的积分，即将拉氏量写作拉氏量的"密度"对空间的积分，即

$$L = \int \mathrm{d}V \mathcal{L} = \int \mathrm{d}^3 \boldsymbol{x} \mathcal{L} \tag{4.102}$$

其中 $\mathcal{L}$ 为拉氏量密度。在相对论性场论中，我们常常将拉氏量密度 $\mathcal{L}$ 简称为拉氏量，而不再讨论常规的拉氏量 L。作用量为

$$S = \int \mathrm{d}t L = \int \mathrm{d}t \mathrm{d}^3 \boldsymbol{x} \mathcal{L} = \frac{1}{c} \int \mathrm{d}^4 x \mathcal{L} \tag{4.103}$$

这里出现系数 $1/c$ 是因为 $x^0 = ct$。我们现在需要弄清楚的是，$\mathcal{L}$ 的形式应该是什么样子。

显然，作为 $F_{\mu\nu}$ 函数的 $\mathcal{L}$ 必须具有洛伦兹对称性。由于作用量本身是洛伦兹标量，因而 $\mathcal{L}$ 也只能是洛伦兹标量。由于 $F_{\mu\nu}$ 是一个洛伦兹张量，它必须与其他矢量或张量相乘起来。我们能用到的最简单的张量就是度规 $g_{\mu\nu}$。但是，$F_{\mu\nu}$ 的对角元都是零，因而

$$F_{\mu\nu} g^{\mu\nu} = F_{00} - F_{11} - F_{22} - F_{33} = 0 \tag{4.104}$$

这个组合毫无意义。再更复杂一点的组合就是 $F_{\mu\nu}$ 的平方，即

$$\mathcal{L} = \gamma F_{\mu\nu} F^{\mu\nu} \tag{4.105}$$

其中 γ 为待定常数。

由于 A_μ 是广义坐标，因而使用最小作用量原理得出欧拉–拉格朗日方程时应做变分的就是广义坐标 A_μ 与广义速度。这里需要注意的是，由于我们要保持洛伦兹不变性，因而将拉氏量写成了拉氏量密度。同样的原因，广义速度也要做相应的推广[①]，不能再只是时间的求导，而应该将四维时空都考虑进去。换句话说，广义速度要具有**协变性**。协变性指的是某个物理量具有明确的洛伦兹变换性质，即它是一个洛伦兹标量、矢量或张量。因而，相对论性场论中的广义速度合适的推广应该是 $\partial_\nu A_\mu$。拉氏量密度是广义坐标和广义速度的函数，即

$$\mathcal{L} = \mathcal{L}(A_\mu, \partial_\nu A_\mu) \tag{4.106}$$

---

① 物理不同于数学，很多时候没有严格的定理告诉我们某个理论应该是什么样子，只能做一些"合理的"猜测，这些猜测就是"推广"。这些没有逻辑上严格性的推广，其正确性只能靠由这些推广所构建的理论与实验结果的符合来保证。

对于相对论性场论，我们同样试着用最小作用量原理去得到运动方程。作用量的变分

$$\delta S = \delta \int \mathrm{d}^4 x \mathcal{L}(A_\mu, \partial_\nu A_\mu) = \int \mathrm{d}^4 x \delta \mathcal{L}(A_\mu, \partial_\nu A_\mu)$$

$$= \int \mathrm{d}^4 x \left(\frac{\partial \mathcal{L}}{\partial A_\mu} \delta A_\mu + \frac{\partial \mathcal{L}}{\partial \partial_\nu A_\mu} \delta \partial_\nu A_\mu \right) \tag{4.107}$$

这里使用了上下标求和的约定。与之前一样，求导与变分互换，有

$$\delta \partial_\nu A_\mu = \partial_\nu \delta A_\mu \tag{4.108}$$

再利用乘积法则

$$\frac{\partial \mathcal{L}}{\partial \partial_\nu A_\mu} \delta \partial_\nu A_\mu = \frac{\partial \mathcal{L}}{\partial \partial_\nu A_\mu} \partial_\nu \delta A_\mu$$

$$= \partial_\nu \left(\frac{\partial \mathcal{L}}{\partial \partial_\nu A_\mu} \delta A_\mu \right) - \partial_\nu \left(\frac{\partial \mathcal{L}}{\partial \partial_\nu A_\mu} \right) \delta A_\mu \tag{4.109}$$

第一项称为表面项，因为根据高斯公式，矢量散度的体积分等于矢量的面积分。在讨论大自然的基本规律时，我们的讨论对象当然是整个物理系统（你可以理解为整个宇宙[①]），因而没有什么东西会流出系统表面，所以在系统表面的通量为零[②]。丢掉第一项后，作用量的变分为

$$\delta S = \int \mathrm{d}^4 x \left(\frac{\partial \mathcal{L}}{\partial A_\mu} - \partial_\nu \left(\frac{\partial \mathcal{L}}{\partial \partial_\nu A_\mu} \right) \right) \delta A_\mu \tag{4.110}$$

由于 δA_μ 的任意性，为了保证 $\delta S = 0$。我们只能有

$$\frac{\partial \mathcal{L}}{\partial A_\mu} - \partial_\nu \left(\frac{\partial \mathcal{L}}{\partial \partial_\nu A_\mu} \right) = 0 \tag{4.111}$$

这就是关于场 A_μ 的欧拉–拉格朗日方程。

将前面的拉氏量 $\mathcal{L}$ 代入运动方程，有 $4\gamma \partial_\nu F^{\nu\mu} = 0$，即

$$\partial_\nu F^{\nu\mu} = 0 \tag{4.112}$$

---

① 当然了，所有的实验都不是关于整个宇宙的实验，而只是在某个特定的实验室。我们想强调的是，讨论基本规律时，我们讨论的都是封闭系统。

② 每次谈及面积分这些事的时候，你都可以按你熟悉的高斯定理来理解。若系统内的净电荷为零，则不会有电力线流出系统的表面，也就是说跟外界没有交互，物理系统为封闭系统。若表面上还有电力线，那必然会跟外界有交互，不是个封闭系统。

将 $F^{\mu\nu}$ 写成电场强度 $\boldsymbol{E}$ 与磁感应强度 $\boldsymbol{B}$，可以看到

$$\partial_\nu F^{\nu\mu} = 0 \Rightarrow \begin{cases} \nabla \cdot \boldsymbol{E} = 0, & \mu = 0 \\ \nabla \times \boldsymbol{B} = \dfrac{1}{c}\dfrac{\partial \boldsymbol{E}}{\partial t}, & \mu = 1,2,3 \end{cases} \tag{4.113}$$

很明显，这就是麦克斯韦方程组中另外两个与源有关的方程，只不过这里没有引入表示源的项。

根据前面的讨论，电磁场对带电粒子（源）的影响可用拉氏量表示为

$$L_{\text{电磁作用}} = -q\left(A_0(x) - \frac{1}{c}\boldsymbol{A}(x) \cdot \boldsymbol{v}\right) \tag{4.114}$$

讨论单个粒子时，q 代表带电粒子电荷。若讨论的问题是很多运动的带电粒子（这样才有电流），q 应该替换为电荷密度 $\rho(\boldsymbol{x})$ 对空间体积的积分，即

$$q \to \int \mathrm{d}^3\boldsymbol{x}\rho(\boldsymbol{x}) \tag{4.115}$$

因此

$$L_{\text{电磁作用}} = -\int \mathrm{d}^3\boldsymbol{x}\rho\left(A_0 - \frac{1}{c}\boldsymbol{A}\cdot\boldsymbol{v}\right) = \int \mathrm{d}^3\boldsymbol{x}\mathcal{L}_{\text{电磁作用}} \tag{4.116}$$

其中

$$\mathcal{L}_{\text{电磁作用}} = -\rho\left(A_0 - \frac{1}{c}\boldsymbol{A}\cdot\boldsymbol{v}\right) = -j \cdot A \tag{4.117}$$

这里的 A 就是电磁场四矢量，而 j 就是表示源的四矢量，其零分量为电荷密度 ρ，空间分量为常数 $1/c$ 乘以电流密度 $\boldsymbol{j} = \rho\boldsymbol{v}$，即

$$j = \left(\rho, \frac{\boldsymbol{j}}{c}\right) \tag{4.118}$$

将源的部分加入到拉氏量中，再代入欧拉–拉格朗日方程，我们得到

$$4\gamma\partial_\nu F^{\nu\mu} = -j^\mu \tag{4.119}$$

对 μ 分别取 0 与 1,2,3，可得

$$\left.\begin{array}{ll} 4\gamma\nabla \cdot \boldsymbol{E} = -\rho, & \mu = 0 \\ 4\gamma\nabla \times \boldsymbol{B} = -\dfrac{\boldsymbol{j}}{c} - \dfrac{1}{c}\dfrac{\partial \boldsymbol{E}}{\partial t}, & \mu = 1,2,3 \end{array}\right\} \tag{4.120}$$

有源的麦克斯韦方程组为

$$\left.\begin{array}{l} \nabla \cdot \boldsymbol{E} = \rho \\ \nabla \times \boldsymbol{B} = \dfrac{\boldsymbol{j}}{c} + \dfrac{1}{c}\dfrac{\partial \boldsymbol{E}}{\partial t} \end{array}\right\} \tag{4.121}$$

通过与麦克斯韦方程组比较，我们发现，只要 $\gamma = -1/4$，就与麦克斯韦方程组完全符合。用 $F_{\mu\nu}$ 写出的麦克斯韦方程组更为简洁：

$$\partial_\nu F^{\nu\mu} = j^\mu \tag{4.122}$$

$$\partial_\mu F_{\nu\rho} + \partial_\nu F_{\rho\mu} + \partial_\rho F_{\mu\nu} = 0 \tag{4.123}$$

到了这里，我们明白了前面写出的 $F_{\mu\nu}$ 平方形式的电磁场拉氏量是正确的，因为它能符合麦克斯韦方程组。现在我们可以将单个带电粒子在电磁场中运动的作用量写为下面的形式

$$S = S_{粒子} + S_{电磁作用} + S_{电磁场}$$

$$= -mc^2 \int \mathrm{d}t \sqrt{1 - \frac{v^2}{c^2}} - \frac{q}{c}\int A_\mu \mathrm{d}x^\mu - \frac{1}{4c}\int \mathrm{d}^4 x F_{\mu\nu}F^{\mu\nu} \tag{4.124}$$

其中"粒子"与"电磁场"指的是无相互作用的粒子与电磁场的部分，而"电磁作用"指的是电磁场对带电粒子作用的部分。若我们讨论的不是单个粒子，而是很多粒子，那直接把质量 m 和电荷 q 分别用密度和电荷密度对空间体积的积分写出来即可。

上面这个简单紧凑的作用量，就是一切电磁现象（一切光学现象只是其中的一部分）背后唯一的道理。若能找到某些原则指导我们写出如上的作用量，我们就有了找到大自然各种相互作用规律的根本方法。但是，在写出上面的作用量时，既是靠猜测（猜测 $F_{\mu\nu}$ 平方的形式），也是靠与已有实验基础的理论（麦克斯韦方程组）做比较。我们不禁想问，电磁现象的拉氏量为什么不能是诸如

$$F_{\mu\nu}A^\mu A^\nu, \quad A^\mu A^\nu A_\mu A_\nu, \quad F_{\mu\nu}F^{\mu\nu}A^\rho A^\rho, \quad \cdots \tag{4.125}$$

这样的形式？这些可能性不也全都满足洛伦兹对称性的要求吗？为什么它们应该被排除掉？事实上，若我们进一步提出一个对称性的要求，就能排除掉上面这些项。这种对称性就是**规范对称性**。

4.4.3 规范变换不变性

在学习电磁学的时候，我们已经有机会了解规范对称性。

　　人们早就注意到，当用矢量势和标量势表示电磁场的时候，会有冗余自由度。也就是说，当对矢量势和标量势做变换

$$\boldsymbol{A} \to \boldsymbol{A} + \nabla f, \quad A_0 \to A_0 - \frac{\partial f}{c\partial t} \tag{4.126}$$

时，电场强度和磁感应强度的定义保持不变。这种变换被称为规范变换。用四维形式写出来，规范变换为

$$A_\mu \to A_\mu - \partial_\mu f \tag{4.127}$$

显然，在这个变换下场强张量 $F_{\mu\nu}$ 不变，因而拉氏量也不变。这种变换下的不变性（对称性）的存在，意味着势场的选择不唯一。我们需要加上一个条件，才能将 f 确定下来，这个条件被称为规范固定条件。规范固定条件有多种选取，如[1]

$$\nabla \cdot \boldsymbol{A} = 0 \quad （库仑规范） \tag{4.128}$$

$$\frac{\partial A_0}{c\partial t} - \nabla \cdot \boldsymbol{A} = 0 \quad 或 \quad \partial_\mu A^\mu = 0 \quad （洛伦茨规范） \tag{4.129}$$

原则上可以有无穷多种规范条件。当然，一旦你选定了某一种规范条件，在之后的所有计算中，你都只能保持在这一种条件下。

　　在电磁学里，规范对称性是麦克斯韦方程组自动具有的一种对称性[2]。人们先发现了各种电磁规律，然后发现这些规律具有规范对称性。现在，我们把思维方式转换一下。若我们要求电磁理论必须是一种规范理论，即满足规范对称性的理论，那么我们将获得一种对电磁理论形式的限制条件。规范对称性的要求直接排除了上面我们随意写出的一些可能的拉氏量密度的形式[3]。

　　在现代基础物理的研究中，对称性具有基础性地位。人们相信宇宙的基本规律具有某些对称性，而不是纷乱无章的。人们根据各种证据，猜想支配着宇宙运行的基本物理规律应该具有的对称性，如洛伦兹对称性和规范对称性等，根据这些对称性的要求写下物理理论，交由实验去判定真伪。

---

　　[1] 最早写出洛伦茨规范的是洛伦茨（Lorenz），而不是鼎鼎大名的洛伦兹（Lorentz）。二者几乎同时代，前者名气不大，后者很著名，因而人们经常因弄混而把这个规范也归功于洛伦兹。

　　[2] 规范对称性是一个一般性名称，指的是规范变换不变性。规范变换可以有无数种，麦克斯韦方程组所满足的这种规范对称性只是其中最简单的一种，被称为 $U(1)$ 规范变换，是一种**阿贝变换群**。今天人们已经知道的弱相互作用和强相互作用需要用结构更为复杂的**非阿贝规范群**描述，相应的理论就是杨-米尔斯场论。

　　[3] 事实上，要想完全定下来拉氏量的形式，除规范对称性和洛伦兹对称性的要求外，还需要一个技术性很强的要求，即可重整性的要求。简单说来，这个词的意思是，理论要具有根本意义上的可预言性。即，仅通过有限个实验就能定出来一个理论中的所有参数（如电子电荷和电子质量），然后就可预言所有实验的结果（即便这个结果只是概率性的预言）。

习题

4.1 自查参考书或自行推导，写出迈克耳孙–莫雷实验中的计算公式。

4.2 根据时空间隔不变性，推导出"尺缩钟慢"这个物理现象。

4.3 对于质点，我们有四维动量矢量 p^μ。场的情况更为复杂一点，需要讨论的是张量而不是矢量（矢量或张量不是任意写的，本质上都是守恒诺特流）。定义电磁场的能量动量张量为

$$T^\mu_{\ \nu} = \frac{\partial \mathcal{L}}{\partial(\partial_\mu A_\rho)} \partial_\nu A_\rho - \delta^\mu_{\ \nu} \mathcal{L} \tag{4.130}$$

（1）将拉氏量代入，计算出能量动量张量的形式（用场强 $\boldsymbol{E}$ 表示）；

（2）写出 T^{00}，这就是电磁场能量密度（在电动力学中会再次接触）。

第 5 章　哈密顿力学

在拉格朗日力学中，我们用广义坐标和广义速度描述要研究的力学系统，根据一些一般性要求写出了作为广义坐标和广义速度函数的拉格朗日量，利用最小作用量原理推出欧拉–拉格朗日方程，求解方程并得出物理结果。拉格朗日力学并不是牛顿力学之外的唯一一种力学理论框架，我们还可以用广义坐标和广义动量来描述力学体系，并从由广义坐标和广义动量构建的主函数——哈密顿量——出发研究力学问题，这种力学被我们称为**哈密顿力学**。哈密顿力学的基本方程是**正则方程**。相比于拉格朗日力学，哈密顿力学的方程数目增加了一倍，但是由二阶微分方程变成了一阶微分方程，在某些情况下求解相对容易。量子力学也是以哈密顿量为核心构建的，因此我们需要对其有充分的了解。

在本章的学习中，我们先通过勒让德变换，从拉格朗日力学过渡到哈密顿力学，得到哈密顿量与正则方程，再介绍泊松括号这套形式符号；最后讨论正则变换，并介绍哈密顿–雅可比方程和相空间的概念。

5.1　哈密顿正则方程

在拉格朗日力学中，系统的一切信息都蕴藏在拉格朗日量中。拉格朗日量是广义坐标 q_α 和广义速度 $\dot{q}_\alpha$ 的函数。现在我们想把描述物理系统的基本变量从 $(q_\alpha, \dot{q}_\alpha)$ 变为 (q_α, p_α)。进行这种变量变换的数学技巧被称为**勒让德变换**[①]。

5.1.1　勒让德变换

假如用一个函数 $f(x) = x^2$ 来描述某个物理系统，其中 x 为这个系统的基本变量。但出于某些原因，我们想把基本变量由 x 换成函数 f 的导数，记变量 y 为函数 f 的导数 f'，那么描述系统的函数变成什么样了呢？

---

① 勒让德变换，Legendre transformation。

很明显，$y = 2x$，而 $x^2 = y^2/4$，因而描述系统的函数从 $f(x)$ 变成了一个新的函数 $g(y) = y^2/4$。这个问题太简单，我们仅用直接代换就得到了。若讨论的问题比较复杂或变量不止一个，我们就需要用到勒让德变换，它是一套操作流程。

描述系统的函数 $f(x)$ 的微分 $\mathrm{d}f = f'(x)\mathrm{d}x = y\mathrm{d}x$，改变变量就是把 $\mathrm{d}x$ 都换成 $\mathrm{d}y$。由于 $\mathrm{d}(xy) = x\mathrm{d}y + y\mathrm{d}x$，因此 $y\mathrm{d}x = \mathrm{d}(xy) - y\mathrm{d}x$，所以

$$\mathrm{d}f = y\mathrm{d}x = \mathrm{d}(xy) - x\mathrm{d}y \Rightarrow \mathrm{d}(xy - f) = x\mathrm{d}y \tag{5.1}$$

新函数 $xy - f$ 就是自变量为 y 的函数。将新的函数 $g = xy - f$ 中的 x 替换成 y，我们就得到了这个新函数。比如这里的例子，$y = 2x$，即 $x = y/2$，因而新函数

$$g(y) = xy - f = xy - x^2 = \frac{y}{2}y - \left(\frac{y}{2}\right)^2 = \frac{y^2}{4} \tag{5.2}$$

正是我们在前面直接得到的结果。这就是勒让德变换。

5.1.2　哈密顿量

想把描述物理系统的基本变量由 $(q_\alpha, \dot{q}_\alpha)$ 变为 (q_α, p_α)，也按前文可用同样的方法处理。以 $(q_\alpha, \dot{q}_\alpha)$ 为基本变量描述物理系统的拉格朗日量的全微分

$$\mathrm{d}L = \sum_{\alpha=1}^{s} \left(\frac{\partial L}{\partial q_\alpha}\mathrm{d}q_\alpha + \frac{\partial L}{\partial \dot{q}_\alpha}\mathrm{d}\dot{q}_\alpha \right) \tag{5.3}$$

式中的 $\partial L/\partial \dot{q}_\alpha$ 就是广义动量 p_α。根据欧拉–拉格朗日方程又有

$$\frac{\partial L}{\partial q_\alpha} = \frac{\mathrm{d}}{\mathrm{d}t}\frac{\partial L}{\partial \dot{q}_\alpha} = \frac{\mathrm{d}}{\mathrm{d}t}p_\alpha = \dot{p}_\alpha \tag{5.4}$$

因此

$$\mathrm{d}L = \sum_{\alpha=1}^{s} (\dot{p}_\alpha\mathrm{d}q_\alpha + p_\alpha\mathrm{d}\dot{q}_\alpha) \tag{5.5}$$

由于我们想用广义坐标 q_α 和广义动量 p_α 描述系统，因此我们要把 $\mathrm{d}\dot{q}_\alpha$ 替换掉。根据求导的乘积法则，有

$$\mathrm{d}(p_\alpha\dot{q}_\alpha) = p_\alpha\mathrm{d}\dot{q}_\alpha + \dot{q}_\alpha\mathrm{d}p_\alpha \tag{5.6}$$

对 α 求和并在左右两边分别减去 $\mathrm{d}L$ 的左右两边，可得

$$\mathrm{d}\left(\sum_{\alpha=1}^{s} p_\alpha\dot{q}_\alpha - L \right) = \sum_{\alpha=1}^{s} (-\dot{p}_\alpha\mathrm{d}q_\alpha + \dot{q}_\alpha\mathrm{d}p_\alpha) \tag{5.7}$$

因此我们发现，只要用一个新的函数

$$H(q,p) = \sum_{\alpha=1}^{s} p_\alpha \dot{q}_\alpha - L \tag{5.8}$$

来描述系统，系统就是广义坐标和广义动量的函数。这个新的函数 H 被称为**哈密顿量**，其全微分式可写为

$$\mathrm{d}H = \sum_{\alpha=1}^{s} (-\dot{p}_\alpha \mathrm{d}q_\alpha + \dot{q}_\alpha \mathrm{d}p_\alpha) \tag{5.9}$$

描述系统的变量由 $(q_\alpha, \dot{q}_\alpha)$ 变成了 (q_α, p_α)，描述系统的主函数也由拉氏量 L 变成了哈密顿量 H。

这种通过勒让德变换改变描述系统的基本变量以及主函数的方法，在学习统计物理等课程时我们还将多次使用。在统计物理中，几个描述系统的变量为压强、体积、温度和熵。用不同的变量组合时，描述系统的主函数也不同。

5.1.3　正则方程

将哈密顿量的全微分式

$$\mathrm{d}H = \sum_{\alpha=1}^{s} \left(\frac{\partial H}{\partial q_\alpha} \mathrm{d}q_\alpha + \frac{\partial H}{\partial p_\alpha} \mathrm{d}p_\alpha \right) \tag{5.10}$$

与式（5.9）相比较，可立即得到如下方程

$$\left. \begin{array}{l} \dot{q}_\alpha = \dfrac{\partial H}{\partial p_\alpha} \\[3mm] \dot{p}_\alpha = -\dfrac{\partial H}{\partial q_\alpha} \end{array} \right\} \tag{5.11}$$

其中 $\alpha = 1, 2, \cdots, s$。这 $2s$ 个方程就是哈密顿力学的基本方程。由于这些方程简单又对称，因此我们将其称为哈密顿正则方程[①]，简称正则方程。我们也将变量 q_α 与 p_α 分别称为正则坐标和正则动量。人们也常常将 (q_α, p_α) 称为共轭变量，即共轭坐标和共轭动量[②]。

---

① 正则，canonical，意为规范的，简洁的。

② 共轭，conjugate，配对的意思。轭，套牛的曲木，两只牛套在一起就是共轭。q_α 与 p_α 一一对应，所以被称为共轭。

拉格朗日力学中的欧拉–拉格朗日方程的数目为 s，而哈密顿力学的正则方程数目为 $2s$，数目翻了一倍。但是，欧拉–拉格朗日方程是二阶微分方程，而正则方程为一阶微分方程。我们可根据所研究的问题的特征，选用适宜的力学框架来讨论问题。

5.1.4 对主函数的理解

对于哈密顿力学来说，广义坐标和广义动量是基本变量，我们需要用这两个变量来描述所研究的整个物理系统，也就是用这两个变量来构建主函数哈密顿量。之后的问题则仅仅是代入正则方程并利用初始条件求解方程。对拉格朗日力学也是如此，只不过其主函数为用广义坐标和广义速度写下的拉格朗日量，而基本方程为欧拉–拉格朗日方程。

我们在前面推导哈密顿力学的过程应被看作是一个等价性证明，即哈密顿力学和拉格朗日力学是等价的，并没有哪一方是更高级或更基本的理论。这两种力学的基本方程都可以认为是来自于最小作用量原理。在前一页的推导中，我们使用了欧拉–拉格朗日方程，而欧拉–拉格朗日方程来自于最小作用量原理，因此正则方程也可被看作是来自于最小作用量原理。我们还可以更直接地看出正则方程来自于最小作用量原理。若将作用量定义为

$$S = \int_{t_初}^{t_末} \left(\sum_\alpha p_\alpha \dot{q}_\alpha - H(q, p, t) \right) \mathrm{d}t \tag{5.12}$$

则可直接应用变分法从最小作用量原理中得到正则方程。在推导过程中需要注意这里有 δq_α 与 δp_α 两个变分，二者的系数独立为零，因而得到正则方程。

通常来说，在学习拉格朗日力学或哈密顿力学时最难理解的地方在于如何写出这两种力学中的主函数，即拉格朗日量或哈密顿量。拉格朗日量或哈密顿量的形式应该是处理某一类物理问题的理论的出发点，是第一原理。没有明确的原则与路线指引我们按步骤写出这些主函数。我们只能根据经验和猜测写出拉格朗日量或哈密顿量。而一旦写出，我们就构建了一个理论。人们构建的物理理论可能是描述某一特定物理系统的适合理论，也可能不是。是或不是的判断依据是实验。

将所构建的理论对某一现象的预言与实验结果对比，我们即可判断出所构建的理论是不是适合的理论。由于物理理论总是有适用范围，所以我们没法绝对地说所构建的理论是"正确的"或"错误的"。当人们使用"正确的理论"或"错误的理论"时，人们想要指代的是"适合的理论"或"不适合的理论"。即使"适合"或"不适合"也取决于对程度或者范围的定

义，而程度或范围没有绝对定义。一切的理论都是近似的，而所有的实验都有误差。那么理论与实验究竟在什么程度上符合才是"科学的"？理论和实验在 99% 的程度上符合是科学的吗？那么在 95% 的程度上符合能不能接受呢？这些程度与范围没有绝对的标准，人们根据经验和信念定下某一类特定研究问题的标准。

具体到如何写出主函数这个问题，我们应如何使用经验和猜测呢？在前面的学习中，通过一些特定的例子发现，或许可以将拉格朗日量写成 $T-U$ 的形式，其中 T 代表的是研究对象的动能，U 代表的是外场的影响，即势能。我们继续应用简单的例子，看看哈密顿量的形式应该是什么。

以外场中运动的单个质点为例，用我们熟悉的形式，可以将其拉格朗日量写成

$$L = T - U = \frac{1}{2}m\boldsymbol{v}^2 - U \tag{5.13}$$

根据哈密顿量的定义

$$H = p\dot{q} - L = m\boldsymbol{v}\cdot\boldsymbol{v} - \left(\frac{1}{2}m\boldsymbol{v}^2 - U\right) = \frac{1}{2}m\boldsymbol{v}^2 + U \tag{5.14}$$

将表达式中的广义速度替换为广义动量，即根据

$$\boldsymbol{p} = \frac{\partial L}{\partial \boldsymbol{v}} = m\boldsymbol{v} \tag{5.15}$$

得到

$$\boldsymbol{v} = \frac{\boldsymbol{p}}{m} \tag{5.16}$$

代入到哈密顿量中得到

$$H = \frac{\boldsymbol{p}^2}{2m} + U \tag{5.17}$$

根据这一形式，我们猜测或许可以将哈密顿量写成动能（用广义动量而不是广义速度表示）加势能的形式。实践告诉我们，这样处理的确能够很好地解决很多问题，因此在以后的学习中我们就可以试着这样处理。也就是说，遇到一个问题，可以试着先写出研究对象的动能项和势能项，然后代入正则方程，看看能不能得到一个有意义的理论结果，最后再看看这个理论结果能不能和实验相符合。

5.1.5　哈密顿量与能量

既然哈密顿量被写成了势能加动能的形式,那哈密顿量与能量有什么关系呢?

正如前面所言,哈密顿量应该理解成函数,广义坐标与广义动量的函数。哈密顿量对变量的依赖关系才是最重要的,因为这个关系决定了体系的运动方程形式。而我们所熟知的能量应该被看作是一个数,代表着体系的总动能和总势能之和的大小。对于某些系统来说,比如我们通常探讨的经典力学系统,哈密顿量的值就是能量。但对于另一些研究对象来说,哈密顿量并不代表体系的总能量,正如在有些问题中广义坐标并不代表位置一样。同样地,我们所说的动能项和势能项也不能狭隘地分别看作是动能和势能,虽然有些情况下的确如此。

5.1.6　泊松括号

哈密顿力学形式简单且对称。受理论独有的这种美感的影响,人们发现还可以引入一种数学符号,更好地把哈密顿力学这种简单且对称的特点体现出来,这种符号就是**泊松括号**。泊松括号就像是一种代数,定义好了基础代数关系,直接进行运算即可。了解泊松括号,有助于我们更多地体会哈密顿力学的数学结构。同时,从历史的角度看,泊松括号也曾帮助人们更好地进入量子世界。

泊松括号是一套符号系统,我们先给出其定义,然后讨论其性质,再用它讨论一个守恒量满足的关系——泊松定理。

1. 泊松括号的定义

若某个我们感兴趣的物理量 f 是正则坐标、正则动量与时间的函数,则其随时间的演化可以写成

$$
\begin{aligned}
\frac{\mathrm{d}f}{\mathrm{d}t} &= \frac{\partial f}{\partial t} + \sum_\alpha \left(\frac{\partial f}{\partial q_\alpha} \frac{\mathrm{d}q_\alpha}{\mathrm{d}t} + \frac{\partial f}{\partial p_\alpha} \frac{\mathrm{d}p_\alpha}{\mathrm{d}t} \right) \\
&= \frac{\partial f}{\partial t} + \sum_\alpha \left(\frac{\partial f}{\partial q_\alpha} \dot{q}_\alpha + \frac{\partial f}{\partial p_\alpha} \dot{p}_\alpha \right)
\end{aligned}
\tag{5.18}
$$

引入记号

$$
[f, H] \equiv \sum_\alpha \left(\frac{\partial f}{\partial q_\alpha} \frac{\partial H}{\partial p_\alpha} - \frac{\partial H}{\partial q_\alpha} \frac{\partial f}{\partial p_\alpha} \right)
\tag{5.19}
$$

这样定义的中括号被我们称为泊松括号①。利用泊松括号，我们可以将 f 随时间的变化写成

$$\frac{\mathrm{d}f}{\mathrm{d}t} = \frac{\partial f}{\partial t} + [f, H] \tag{5.20}$$

显然，这里用到了哈密顿正则方程。

若物理量 f 是一个守恒量，则

$$\frac{\mathrm{d}f}{\mathrm{d}t} = 0 \Rightarrow \frac{\partial f}{\partial t} + [f, H] = 0 \tag{5.21}$$

若 f 不显含时间，则进一步有

$$\frac{\partial f}{\partial t} = 0 \Rightarrow [f, H] = 0 \tag{5.22}$$

也就是说，对于不显含时间的守恒量 f，其泊松括号为零。这就是泊松括号的优点：简洁的数学表达能力。

上面利用哈密顿量定义了泊松括号，事实上我们可以将泊松括号定义得更具一般性。若有 f 与 g 为广义坐标与广义动量的函数，则可定义泊松括号为

$$[f, g] \equiv \sum_\alpha \left(\frac{\partial f}{\partial q_\alpha} \frac{\partial g}{\partial p_\alpha} - \frac{\partial g}{\partial q_\alpha} \frac{\partial f}{\partial p_\alpha} \right) \tag{5.23}$$

这个定义很好记忆，需要记住两点：一是总是先对正则坐标求导，再对正则动量求导；二是减号前后顺序由 fg 交换一下成 gf。泊松括号实际上是一种求导运算下的**对易式**。

对易式指的是 $AB - BA$ 这样的式子。若某种代数（粗浅地说就是有其乘法定义的数学集合）满足 $AB - BA$ 等于零，则这种代数被说成是具有**交换律**，或者说对易性。比如实数在乘法下就具有交换律。但并不是所有的代数都具有交换律，矩阵的乘法一般不具有交换律。泊松括号相当于定义了一种不对易代数运算。

按其定义，可以直接得到泊松括号所具有的一系列数学性质。

2. 泊松括号的性质

在泊松括号的定义下，对于作为广义坐标、广义动量和时间函数的 f, g, h，我们有以下关系：

---

① 有一些书上泊松括号的定义与我们这里的定义相差一个负号。这种定义差别不影响任何物理，只要始终保持在一个定义下讨论就不会有任何问题。

（1）$[f, f] = 0$。

（2）$[f, 常数] = 0$，即函数 f 与所有常数对易。

（3）$[f, g] = -[g, f]$，交换则差一个负号，这种性质被称为反对称性（交换下的不变被称为对称性）。

（4）$[f_1 + f_2, g] = [f_1, g] + [f_2, g]$，分配律。

（5）$[f_1 f_2, g] = f_1[f_2, g] + [f_1, g]f_2$。

（6）$\dfrac{\partial}{\partial t}[f, g] = \left[\dfrac{\partial f}{\partial t}, g\right] + \left[f, \dfrac{\partial g}{\partial t}\right]$，求导的乘积法则。

（7）$[f, [g, h]] + [g, [h, f]] + [h, [f, g]] = 0$，雅可比恒等式。

（8）$[q_\alpha, f] = \dfrac{\partial f}{\partial p_\alpha}, [p_\alpha, f] = -\dfrac{\partial f}{\partial q_\alpha}$。

（9）$[q_\alpha, q_\beta] = 0, [p_\alpha, p_\beta] = 0, [q_\alpha, p_\beta] = \delta_{\alpha\beta}$。

所有这些性质都可以通过定义式直接证得。

性质（1）～性质（7）相当一般，是具有对易式关系的函数一般都满足的关系。任何对易式 $[A, B] = AB - BA$，都满足这些性质。

性质（8）是广义坐标与广义动量同一般的物理量之间的关系。若把 f 取为哈密顿量，则将立即得到泊松括号形式的正则方程

$$[q_\alpha, H] = \frac{\partial H}{\partial p_\alpha}, \quad [p_\alpha, H] = -\frac{\partial H}{\partial q_\alpha} \tag{5.24}$$

哈密顿力学体系下，广义坐标与广义动量为独立变量，其对同为独立变量的时间变量的偏导数为零。所以

$$\left.\begin{aligned} \dot{q}_\alpha &= \frac{\mathrm{d}q_\alpha}{\mathrm{d}t} = \frac{\partial q_\alpha}{\partial t} + [q_\alpha, H] = [q_\alpha, H] \\ \dot{p}_\alpha &= \frac{\mathrm{d}p_\alpha}{\mathrm{d}t} = \frac{\partial p_\alpha}{\partial t} + [p_\alpha, H] = [p_\alpha, H] \end{aligned}\right\} \tag{5.25}$$

代入上面泊松括号形式的正则方程就回到了原本的正则方程，因此也可以就将这个简单且对称的式子称为正则方程，即泊松括号形式的正则方程。

3. 泊松定理

运用泊松括号所满足的性质，我们容易得到泊松定理：若两个物理量 f 与 g 是守恒量，则它们构成的泊松括号也是守恒量，即

$$若 \frac{\mathrm{d}f}{\mathrm{d}t} = \frac{\mathrm{d}g}{\mathrm{d}t} = 0, 则 \frac{\mathrm{d}}{\mathrm{d}t}[f, g] = 0 \tag{5.26}$$

这一定理的证明很直接。由于

$$\frac{\mathrm{d}}{\mathrm{d}t}[f,g] = \frac{\partial}{\partial t}[f,g] + [[f,g],H] \qquad (5.27)$$

对偏导数项应用乘积法则，即

$$\frac{\partial}{\partial t}[f,g] = \left[\frac{\partial f}{\partial t},g\right] + \left[f,\frac{\partial g}{\partial t}\right] \qquad (5.28)$$

因而

$$\frac{\mathrm{d}}{\mathrm{d}t}[f,g] = \left[\frac{\partial f}{\partial t},g\right] + \left[f,\frac{\partial g}{\partial t}\right] + [[f,g],H] \qquad (5.29)$$

再利用雅可比恒等式得到

$$[[f,g],H] = -[[g,H],f] - [[H,f],g] = [f,[g,H]] + [[f,H],g] \qquad (5.30)$$

代回原式得

$$\begin{aligned}
\frac{\mathrm{d}}{\mathrm{d}t}[f,g] &= \left[\frac{\partial f}{\partial t},g\right] + [[f,H],g] + \left[f,\frac{\partial g}{\partial t}\right] + [f,[g,H]] \\
&= \left[\frac{\mathrm{d}f}{\mathrm{d}t},g\right] + \left[f,\frac{\mathrm{d}g}{\mathrm{d}t}\right] \qquad (5.31)
\end{aligned}$$

因此

$$\text{若}\,\frac{\mathrm{d}f}{\mathrm{d}t} = \frac{\mathrm{d}g}{\mathrm{d}t} = 0, \quad \text{则}\quad \frac{\mathrm{d}}{\mathrm{d}t}[f,g] = 0 \qquad (5.32)$$

需要注意的是，虽然泊松定理告诉我们两个守恒量的泊松括号随时间的变化也为零，但这并不能确保新构建的泊松括号是个守恒物理量。这是因为某两个量的泊松括号可能只是个平庸的量，比如一个常数。在一个物理体系中，守恒量的数目是有限的。守恒量是由对称性决定的，物理系统并不总具有很多对称性。

5.2　正则变换

在拉格朗日力学体系下，广义坐标的选取不受条件的限制，欧拉-拉格朗日方程的形式也不受广义坐标选取的影响，也就是说方程具有广义坐标变换不变性。当然了，作为广义坐标函数的拉格朗日量在坐标变换下变成了另一个函数。需要注意的是，在拉格朗日体系下的独立坐标是广义坐标与广义速度，从变换的角度看，广义速度从属于广义坐标。

在哈密顿力学体系下，哈密顿方程在形式上也不受广义坐标选取的限制，即在广义坐标变换下正则方程形式具有不变性。同时，由于哈密顿力学中的独立变量是广义坐标与广义动量，二者地位完全平等，因而哈密顿力学体系具有的变量变换不仅可以有广义坐标的变换，还可以加入广义动量的变换。也就是说，哈密顿力学中的变量变换可以从一组广义变量 (q_α, p_α) 变到另一组广义变量 (Q_α, P_α)。利用变量变换，我们有可能使所讨论的哈密顿量变得简单，从而易于求解。但需要注意的是，广义动量的变换完全独立于广义坐标的变换（可以不保有本来的动量定义），因而可能会带来正则方程形式上的改变，使其不再具有正则形式。

在所有的广义变量变换中有一类特殊重要的变换，被称为**正则变换**。正则变换指的是能保持正则形式不变的广义变量变换。

利用正则变换，我们能得到哈密顿-雅可比方程。哈密顿-雅可比方程是力学的另一种表述形式，即其地位等同于欧拉-拉格朗日方程、正则方程和牛顿力学方程。在某些问题中，哈密顿-雅可比方程有一些便利性。

5.2.1　正则变换的形式

假定我们做了一组广义变量变换 $(q, p) \to (Q, P)$，即

$$Q_\alpha = Q_\alpha(q, p, t), P_\alpha = P_\alpha(q, p, t) \tag{5.33}$$

这里的 q, p, Q, P 代表所有自由度的变量。变量变换了，主函数也将由 $H(q, p, t)$ 变成另一个函数 $H'(Q, P, t)$。我们讨论如何能使正则方程的形式保持不变，即仍有形式

$$\frac{\partial H'}{\partial Q_\alpha} = -\dot{P}_\alpha, \quad \frac{\partial H'}{\partial P_\alpha} = \dot{Q}_\alpha \tag{5.34}$$

需要认识到的是，无论是拉格朗日力学体系还是哈密顿力学体系，都可以认为来自于最小作用量原理，起决定性作用的是作用量本身。所谓的运动方程形式在不同广义变量下保持形式不变只是作用量不变的一个体现。作用量的不变，体现在拉氏量上就是拉氏量可以不变或者只差一个时间的全导数项。因此，我们要求变换后的作用量

$$S = \int \left(\sum_\alpha P_\alpha \dot{Q}_\alpha - H'(Q, P, t) \right) \mathrm{d}t \tag{5.35}$$

等于变换前的作用量

$$S = \int \left(\sum_\alpha p_\alpha \dot{q}_\alpha - H(q, p, t) \right) \mathrm{d}t \tag{5.36}$$

这相当于要求这两个积分的被积函数（拉氏量）相等或者相差一个时间的全导数项 $\mathrm{d}G_1/\mathrm{d}t$。因而，我们可以写下

$$\mathrm{d}G_1 + \left(\sum_\alpha P_\alpha \dot{Q}_\alpha - H'(Q,P,t)\right)\mathrm{d}t = \left(\sum_\alpha p_\alpha \dot{q}_\alpha - H(q,p,t)\right)\mathrm{d}t \quad (5.37)$$

满足这个关系的正则变量变换就可以保持正则方程形式不变，因而这就是正则变换。函数 G_1 被称为**生成函数**或**母函数**。利用

$$\dot{Q}_\alpha \mathrm{d}t = \mathrm{d}Q_\alpha, \quad \dot{q}_\alpha \mathrm{d}t = \mathrm{d}q_\alpha \quad (5.38)$$

可以得到

$$\mathrm{d}G_1 = \sum_\alpha p_\alpha \mathrm{d}q_\alpha - \sum_\alpha P_\alpha \mathrm{d}Q_\alpha + [H'(Q,P,t) - H(q,p,t)]\mathrm{d}t \quad (5.39)$$

这个表达式意味着 G_1 是 q, Q, t 的函数，因而我们可以直接写出 G_1 的全微分

$$\mathrm{d}G_1 = \sum_\alpha \frac{\partial G_1}{\partial q_\alpha}\mathrm{d}q_\alpha + \sum_\alpha \frac{\partial G_1}{\partial Q_\alpha}\mathrm{d}Q_\alpha + \frac{\partial G_1}{\partial t}\mathrm{d}t \quad (5.40)$$

通过对比，可得到这组正则变换的公式

$$\left.\begin{aligned} p_\alpha &= \frac{\partial G_1}{\partial q_\alpha} \\ -P_\alpha &= \frac{\partial G_1(q,Q,t)}{\partial Q_\alpha}, \quad \alpha = 1, 2, \cdots, s \\ H'(Q,P,t) &= H(q,p,t) + \frac{\partial G_1}{\partial t} \end{aligned}\right\} \quad (5.41)$$

给定生成函数 $G_1(q,Q,t)$，就可以通过上面的式子得到变换前后广义变量之间的关系，以及新的哈密顿量。

5.2.2 其他的生成函数

变换前与变换后一共有四种正则变量，即 q, p, Q, P。生成函数可以是它们任意变换前和变换后变量的组合。前面得到的只是其中的一种，实际上可以有

$$G_1(q,Q,t), \quad G_2(q,P,t), \quad G_3(p,Q,t), \quad G_4(p,P,t) \quad (5.42)$$

多种生成函数，或者说正则变换。这些不同的正则变换的差别在于生成函数选取了不同的变量。这些生成函数可通过勒让德变换互相联系起来。

比如，若我们打算采用 $G_2(q,P,t)$ 作生成函数。根据勒让德变换

$$dG_2(q,P,t) = d\left(G_1(q,Q,t) + \sum_\alpha P_\alpha Q_\alpha\right)$$

$$= \sum_\alpha p_\alpha dq_\alpha + \sum_\alpha Q_\alpha dP_\alpha + (H'(Q,P,t) - H(q,p,t))dt \quad (5.43)$$

对比 $G_2(q,P,t)$ 的全微分，得到

$$\left.\begin{array}{l} p_\alpha = \dfrac{\partial G_2}{\partial q_\alpha} \\[3mm] Q_\alpha = \dfrac{\partial G_2}{\partial P_\alpha} \\[3mm] H'(Q,P,t) = H(q,p,t) + \dfrac{\partial G_2(q,P,t)}{\partial t} \end{array}\right\} \quad (5.44)$$

类似地，还可将 $G_3(p,Q,t)$ 定为生成函数，则有

$$\left.\begin{array}{l} -q_\alpha = \dfrac{\partial G_3}{\partial p_\alpha} \\[3mm] -P_\alpha = \dfrac{\partial G_3}{\partial Q_\alpha} \\[3mm] H'(Q,P,t) = H(q,p,t) + \dfrac{\partial G_3(p,Q,t)}{\partial t} \end{array}\right\} \quad (5.45)$$

将 $G_4(p,P,t)$ 定为生成函数，则有

$$\left.\begin{array}{l} -q_\alpha = \dfrac{\partial G_4}{\partial p_\alpha} \\[3mm] Q_\alpha = \dfrac{\partial G_4}{\partial P_\alpha} \\[3mm] H'(Q,P,t) = H(q,p,t) + \dfrac{\partial G_4(p,P,t)}{\partial t} \end{array}\right\} \quad (5.46)$$

可以看到，正则变换具有高度任意性，变换后的正则坐标和正则动量可能完全不具有我们通常所说的"坐标"与"动量"的意思。所以在哈密顿力学中，坐标与动量是处于完全相同地位的两组独立变量，因此说它们是正则共轭变量，这一对变量没有谁高谁低的地位问题。

正则变换是一种求解正则方程的方法。利用好正则变换，可以很大程度帮助我们降低问题的难度。比如，若我们能够利用正则变换，变换出一个循环坐标（即哈密顿量中不显含的坐标），则又由于相应的正则动量为守恒量（即常数），因而这对变量不需要求解，正则方程的数目就减少了。变换出的循环坐标越多，问题就越简单。

5.2.3 哈密顿–雅可比方程

做正则变换的时候，哈密顿量也发生改变。我们可以要求变换后的哈密顿量等于零。比如，对于第一种情况的生成函数，若要求变换后的哈密顿量为零，则有

$$H'(Q,P,t) = H(q,p,t) + \frac{\partial G}{\partial t} = 0 \tag{5.47}$$

由于在这个变换下 p_α 等于 $\partial G/\partial q_\alpha$，因而我们有

$$H\left(q, \frac{\partial G}{\partial q}, t\right) + \frac{\partial G}{\partial t} = 0 \tag{5.48}$$

形如这样的方程被称为**哈密顿–雅可比方程**。我们在之前讨论过的作用量与能量和动量所满足的方程[①]也是哈密顿–雅可比方程。

哈密顿–雅可比方程也可以帮助我们求解正则方程。哈密顿–雅可比方程虽然是一个一阶方程，但常常是非线性方程，因为 $\partial G/\partial q_\alpha$ 在哈密顿量中常常不以线性形式出现。由于这个方程里涉及 G 的 $(s+1)$ 个偏导数，因而 G 的解里应有 $(s+1)$ 个常数。

对于生成函数 G 主导的正则变换，由于我们已经令变换后哈密顿量 $H'(Q,P,t)$ 等于零，则根据正则方程有

$$\left.\begin{aligned} \dot{Q}_\alpha &= \frac{\partial H'}{\partial P_\alpha} = 0 \\[2mm] \dot{P}_\alpha &= -\frac{\partial H'}{\partial Q_\alpha} = 0, \quad \alpha = 1,2,\cdots,s \end{aligned}\right\} \tag{5.49}$$

这意味着 Q_α 与 P_α 分别等于常数（共 $2s$ 个常数）。G 是 q,Q,t 的函数，因而其解中的 s 个常数就是 Q_α 本身，还有一个额外的常数可以直接加到解出来的 $G(q,Q,t)$ 上，得到 $G(q,Q,t)+g$，其中 g 为常数。这样的解被称为完全解。

由正则变换

$$-P_\alpha = \frac{\partial G(q,Q,t)}{\partial Q_\alpha} \tag{5.50}$$

可以反解出

$$q_\alpha = q_\alpha(Q_1,Q_2,\cdots,Q_s,P_1,P_2,\cdots,P_s,t), \quad \alpha = 1,2,\cdots,s \tag{5.51}$$

---

① 其中能量的定义式实际上是哈密顿量。在讨论相对论时我们曾用这组关系定义了四维动量。

其中 Q_α 与 P_α 为常数。再用通过哈密顿–雅可比方程解出的 G 及 $p_\alpha = \partial G/\partial q_\alpha$ 求出所有的 p_α，就完成了求解，即得到了所有的 q_α 与 p_α。我们在哈密顿力学中唯一要做的事就是求解 q_α 与 p_α，得到了之后就得到了所讨论的物理系统的一切能得到的信息。

欧拉–拉格朗日方程、正则方程、哈密顿–雅可比方程，甚至包括牛顿第二定律，在求解力学问题上是完全等价的，视所讨论的问题便利，选用不同的方程。前三者并不依赖于"力"的概念，更具一般性，因而也可推广到量子理论。

5.2.4 保守系统的哈密顿–雅可比方程

若哈密顿量不显含时间，则由于

$$\frac{\mathrm{d}H}{\mathrm{d}t} = \sum_\alpha \left(\frac{\partial H}{\partial q_\alpha} \dot{q}_\alpha + \frac{\partial H}{\partial p_\alpha} \dot{p}_\alpha \right) + \frac{\partial H}{\partial t} = \sum_\alpha (\dot{p}_\alpha \dot{q}_\alpha - \dot{q}_\alpha \dot{p}_\alpha) = 0 \qquad (5.52)$$

因而哈密顿量守恒，即

$$H(q_1, q_2, \cdots, q_s; p_1, p_2, \cdots, p_s) = E \qquad (5.53)$$

其中 E 为常数，即能量。这样的系统称为保守系统。

对于保守系统，哈密顿–雅可比方程存在一个明显的特解，即 $-Et$。显然

$$H + \frac{\partial(-Et)}{\partial t} = H - E = 0 \qquad (5.54)$$

在这种情况下，我们只需要再求解出含另外 s 个常数的部分 G_0，就得到了通解

$$G = G_0 - Et \qquad (5.55)$$

其中 G_0 可以通过

$$H\left(q_1, q_2, \cdots, q_s; \frac{\partial G_0}{\partial q_1}, \frac{\partial G_0}{\partial q_2}, \cdots, \frac{\partial G_0}{\partial q_s} \right) = E \qquad (5.56)$$

得到。该方程是保守系统的哈密顿–雅可比方程。求解出 G_0，即可如前面一样，通过变换等式求出 q_α 与 p_α。

5.2.5 相空间

在哈密顿力学中，我们用了广义坐标和广义动量来描述物理系统，不同时刻物理系统的情况完全由广义坐标和广义动量决定。因此，我们可以

将要研究的物理系统看作是在一个抽象的空间——由全部广义坐标和广义动量构成的 $2s$ 维空间（s 为体系的自由度）——中运动的研究对象。这个抽象的空间被我们称为**相空间**①。相空间中的不同点对应的就是所要研究的物理系统所处的不同状态，物理系统的一切可能的状态构成了整个相空间。

对应相空间，人们也将系统的坐标构成的空间称为**位型空间**（也称构型空间或组态空间）②。

相空间中的点（相点）代表的是物理系统的状态。当物理系统的状态改变时，相点在相空间中运动。相点在相空间中运动的轨迹（相空间中的曲线）不会与自己交叉。从经典力学的角度来看，运动规律具有唯一性与确定性。当物理系统处于某一状态时，它接下来的运动将被运动规律（运动方程）唯一地确定下来。而相点的轨迹与自己交叉则意味着从某一个点（交叉的那个点）开始，物理系统接下来的演化有不同的可能性，在经典物理看来这是不可能的。

对于保守系来说

$$H(q_1, q_2, \cdots, q_s; p_1, p_2, \cdots, p_s) = E \tag{5.57}$$

代表的是一个 $2s$ 维空间中的平面（$2s - 1$ 维）方程，这个方程代表着物理系统的运动被约束在相空间中的一个面上。

一般的物理系统都是存在于确定的空间范围内，并且能量动量总是不超出一定的范围，从相空间的角度来看，这意味着相空间的体积总是有限的。但是人们在实际做计算时，有时会将相空间视作无限大来处理，也就是说对于空间尺度或能量动量的积分常常会从负无穷积分到正无穷。对于真实的物理来说，被积函数一定因某种原因而具有能够强烈压低那些不太符合物理实际的积分区域的函数形状。如果被积函数没有这样的特点，计算时我们就可能会遇到无限大的结果。若出现了发散，则意味着物理理论中出现了某种缺陷，需要修正这种缺陷，毕竟我们从没在实验上看到无限大。

相空间越大，相点能占据的位置的可能性就越多，物理系统的可能性也就越多。相空间是关于"可能性"的概念，其在统计物理中扮演较为重要的角色。

习题

5.1　对哈密顿量定义的作用量使用变分法，写出得到的正则方程。

---

① 相空间，phase space。相，状态。

② 位型空间，configuration space。

5.2 写出在球坐标系下质量为 m 的自由粒子的哈密顿量。

5.3 根据带电粒子在电磁场中运动的拉氏量，式（4.88），按定义写出这个拉氏量的正则动量 $\boldsymbol{\pi}$，以及哈密顿量 H（记住这个哈密顿量的形式，在量子力学的学习中，将用到这个哈密顿量）。

5.4 写下一维谐振子的哈密顿量，并用正则方程求解一维谐振子问题。

5.5 定义**对易式**：$[A, B] = AB - BA$，验证对易式满足泊松括号的前七个性质。

5.6 角动量 $\boldsymbol{J} = \boldsymbol{r} \times \boldsymbol{p}$，分别计算角动量的下列泊松括号：

（1）$[x, J_x]$，$\quad [x, J_y]$，$\quad [x, J_z]$；

（2）$[p_x, J_x]$，$\quad [p_x, J_y]$，$\quad [p_x, J_z]$；

（3）$[J_x, J_x]$，$\quad [J_x, J_y]$，$\quad [J_x, J_z]$。

5.7 假定有如下对易式成立：

$$[x, p_x] = i, \quad [y, p_y] = i, \quad [z, p_z] = i;$$

$$[x, p_y] = [x, p_z] = [y, p_x] = [y, p_z] = [z, p_x] = [z, p_y] = 0;$$

$$[x, x] = [y, y] = [z, z] = [x, y] = [y, z] = [z, x] = 0;$$

$$[p_x, p_x] = [p_y, p_y] = [p_z, p_z] = [p_x, p_y] = [p_y, p_z] = [p_z, p_x] = 0。$$

把习题 5.6 中的泊松括号都看作是对易式，分别计算这些对易式。

参 考 文 献

[1] 朗道, 栗弗席兹. 理论物理学教程·第 1 卷: 力学 [M]. 5 版. 李俊峰, 译. 北京: 高等教育出版社, 2007.

[2] 周衍柏. 理论力学教程 [M]. 4 版. 北京: 高等教育出版社, 2018.

[3] 梁昆淼. 力学 (下册) 理论力学 [M]. 4 版. 北京: 高等教育出版社, 2009.

[4] 吴大猷. 古典动力学 [M]. 北京: 科学出版社, 1983.

[5] H.Goldstein, C.Poole, J.Safko. Classical Mechanics[M]. 3 版. 北京: 高等教育出版社, 2005.

[6] 刘川. 理论力学 [M]. 北京: 北京大学出版社, 2019.

[7] 朗道, 栗弗席兹. 理论物理学教程·第 2 卷: 场论 [M]. 8 版. 鲁欣, 任朗, 袁炳南, 译. 北京: 高等教育出版社, 2012.

[8] 朗道, 栗弗席兹. 理论物理学教程·第 6 卷: 流体动力学 [M]. 5 版. 李梅, 译. 北京: 高等教育出版社, 2013.

[9] H. Georgi. Lie Algebra in particle physics[M]. Fred Praeger: Westview Press, 1999.

[10] M.Peskin, D. Schroeder. An introduction to quantum field theory[M]. 北京: 世界图书出版公司, 2007.